洪旱灾害风险与损失遥感综合评估

陈晓玲　陆建忠　刘　海　著

科学出版社

北　京

内 容 简 介

本书分析全球灾害时空演变特征，基于气象遥感数据，针对洪涝灾害，研发基于深度学习的智能灾害风险识别与评估方法，开展洪涝灾害监测、损失评估和风险预测方法的研究。针对干旱灾害，开展卫星遥感气象产品及其在分析数据降尺度方法研究，探索土壤水分对气象要素的时间滞后效应，提出基于土壤水分对气象要素时滞效应的综合农业干旱监测方法，最后介绍流域干旱对陆地生态系统的抑制效应。针对洪旱灾害监测评估方法体系，开展气象灾害监测预测与损失评估应用研究。本书图片可扫封底二维码看彩图。

本书适合应急管理、生态环境、气象、水利、自然资源等部门的科学研究人员和工程技术人员阅读参考，还可作为相关专业研究生的教学用书。

图书在版编目（CIP）数据

洪旱灾害风险与损失遥感综合评估 / 陈晓玲，陆建忠，刘海著. -- 北京：科学出版社, 2024.11. -- ISBN 978-7-03-080072-5

I. P426.616

中国国家版本馆 CIP 数据核字第 2024FY9564 号

责任编辑：刘　畅/责任校对：高　嵘
责任印制：彭　超/封面设计：苏　波

科学出版社 出版

北京东黄城根北街 16 号
邮政编码：100717
http://www.sciencep.com

武汉中科兴业印务有限公司印刷
科学出版社发行　各地新华书店经销

*

开本：787×1092　1/16
2024 年 11 月第 一 版　印张：11
2024 年 11 月第一次印刷　字数：261 000
定价：**108.00** 元
（如有印装质量问题，我社负责调换）

前　言

　　自然灾害是由自然事件或力量为主因造成的生命伤亡和人类社会财产损失的事件，是当今世界人类最为关注的全球性问题之一，每年有成千上万的人因自然灾害遭受严重的经济损失甚至丧失生命，影响经济发展和社会稳定。

　　洪涝和干旱是造成全球人员伤亡、经济损失和社会发展最主要的自然灾害。在气候变化背景下，全球范围内洪旱灾害发生的地域明显增多，频率和强度也显著增加，人类经济社会可持续发展面临严峻的挑战。因此，开展洪旱灾害风险与损失的遥感综合评估，对防灾减灾、应急管理、资源优化配置和生态文明建设具有重要的理论和实践意义。

　　灾害的发生受多种条件影响，具有明显的地域特征，对全球多灾种进行长时序统计，整体分析区域受灾情况及演变趋势，可为全球灾害预防及治理提供科学依据。灾害的综合风险评估预警是气象防灾减灾的重要内容和必要基础，也是实现区域可持续发展的重要保障。

　　本书旨在系统地介绍遥感技术在洪旱灾害风险评估和灾害损失评估中的应用，探讨运用空间统计方法对灾害的空间分布及灾害带的迁移规律进行分析，并以遥感影像数据为主，结合其他多源数据，开展洪旱灾害监测、预警及风险评估研究，以期为全球灾害预防及治理提供科学依据。本书试图为灾害科学领域的研究者、管理者和实践者提供一本全面、系统的参考书。

　　本书由陈晓玲、陆建忠和刘海设计构思框架，经过多次集体研究讨论拟定提纲。第 1 章由陈晓玲、陆建忠撰写；第 2 章由陈晓玲、刘海、吴金汝撰写；第 3 章由刘海、陆建忠、吴金汝、姜淞川、刘凤撰写；第 4 章由刘海、刘凤、郑粮撰写；第 5 章由陆建忠、徐浩东撰写；第 6 章由陆建忠、田晴撰写；第 7 章由陆建忠、刘家倩撰写。全书由陆建忠、刘海、陈芳统稿。本书为国家重点研发计划项目课题（2018YFC150073）、国家自然科学基金项目（42271354、42371367、42271318）、江西省重点研发计划项目（20201BBG71002）联合资助的成果。

　　对于本书的疏漏之处，恳请读者予以指正。

作　者

2024 年 10 月

目　录

第1章　绪论 ·· 1

1.1 洪旱灾害研究意义 ··· 1

1.2 洪旱灾害遥感综合评估关键问题 ··· 1

1.3 本书章节安排 ··· 3

第2章　灾害时空分布特征与演变 ·· 5

2.1 灾害数据获取 ··· 5

2.1.1 全球和"一带一路"沿线灾害数据 ···································· 5

2.1.2 西北太平洋台风灾害与辅助数据集 ··································· 6

2.1.3 全球NCEP/NCAR再分析数据集 ······································ 6

2.1.4 鄱阳湖流域与山西省数据 ·· 7

2.2 全球自然灾害时间特征 ··· 7

2.3 全球自然灾害空间特征 ··· 8

2.4 全球自然灾害趋势变化分析 ··· 8

2.4.1 灾害发生频次演变趋势 ··· 8

2.4.2 灾害死亡人数演变趋势 ··· 9

2.4.3 灾害经济损失演变趋势 ··· 10

第3章　洪涝灾害风险评估 ··· 11

3.1 概述 ·· 11

3.2 快速多时相合成法洪涝灾害监测 ··· 13

3.2.1 技术路线 ··· 13

3.2.2 洪涝监测模型 ·· 13

3.2.3 洪涝灾害监测 ·· 15

3.3 降雨径流预报研究 ··· 16

3.3.1 基于LSTM网络的径流模拟模型 ······································ 16

3.3.2 数据集划分 ··· 16

3.3.3 基于气象站降雨数据的日径流预测 ··································· 17

3.3.4 基于TRMM降雨数据的月径流预测 ·································· 19

3.4 洪涝灾害危险性评估模型及应用 ··· 20

3.4.1 洪涝灾害危险性评估技术路线 ·· 20

3.4.2 洪涝灾害危险性评估模型 ·· 20

3.4.3 洪涝灾害危险性评估指标体系 ·· 22

3.4.4 南亚洪涝灾害危险性评估 ·· 22

3.4.5 长江及淮河流域洪涝灾害危险性评估 ································ 26

3.5 洪涝灾害风险评估模型及应用 28
   3.5.1 洪涝灾害风险评估技术路线 28
   3.5.2 数据来源 29
   3.5.3 洪涝灾害风险评估模型 30
   3.5.4 洪涝灾害风险评估应用 31

第4章 洪涝灾中监测与灾后评估 47
4.1 技术路线 47
4.2 评估模型 47
   4.2.1 洪涝灾害损失模型 47
   4.2.2 直接经济损失模型 48
   4.2.3 间接经济损失模型 48
4.3 国内重点示范区洪涝灾中监测与灾后评估 48
   4.3.1 鄱阳湖流域洪涝监测 49
   4.3.2 长江流域洪涝监测 49
   4.3.3 淮河流域洪涝监测 50
   4.3.4 松辽河流域洪涝监测 50
   4.3.5 湖北省随州市洪涝监测评估 50
   4.3.6 河南省郑州市洪涝监测评估 52
4.4 国外重点示范区洪涝灾中监测与灾后评估 54
   4.4.1 曼哈迪河流域洪涝监测评估 54
   4.4.2 印度河流域洪涝监测评估 58
   4.4.3 墨累河流域洪涝监测评估 60
   4.4.4 密西西比河流域洪涝监测评估 62
   4.4.5 肯尼亚洪涝监测评估 66

第5章 干旱遥感监测的关键——土壤含水量监测 70
5.1 概述 70
5.2 土壤含水量空间降尺度 71
   5.2.1 土壤含水量空间降尺度模型 71
   5.2.2 深度学习在土壤含水量空间降尺度中的应用 72
   5.2.3 研究区概况 73
5.3 数据处理与模型构建 75
   5.3.1 研究数据及预处理 75
   5.3.2 研究方法 79
5.4 ESA CCI土壤含水量时空分布与环境因子分析 86
   5.4.1 CCI土壤含水量数据验证 86
   5.4.2 CCI时空变化特征分析 88
   5.4.3 环境因子相关性分析 89
5.5 基于深度学习的ESA CCI土壤降尺度研究 90
   5.5.1 模型数据集构建 90

　　5.5.2　降尺度流程 ·· 92

　　5.5.3　降尺度结果分析 ·· 92

5.6　基于 ESSMI 的降尺度土壤含水量农业干旱监测应用 ·························· 95

　　5.6.1　干旱指数计算 ·· 95

　　5.6.2　农业干旱判别方法 ··· 96

　　5.6.3　基于 ESSMI 的鄱阳湖流域农业干旱监测 ····································· 97

第6章　农业干旱遥感综合分析 ··· 104

6.1　农业干旱与农业干旱遥感 ·· 104

　　6.1.1　土壤水分 ·· 104

　　6.1.2　农业干旱 ·· 104

　　6.1.3　陆-气耦合 ·· 106

　　6.1.4　研究区域概况 ·· 107

6.2　数据处理与方法建构 ··· 108

　　6.2.1　多源监测数据 ·· 108

　　6.2.2　常用方法 ·· 109

6.3　基于长时序土壤水分的长江流域农业干旱时空演变 ·························· 112

　　6.3.1　土壤水分数据验证 ··· 112

　　6.3.2　基于 ESSMI 的长江流域干旱判别方法 ·· 113

　　6.3.3　长江流域干旱的时空变化分析 ·· 114

　　6.3.4　长江流域干旱变化趋势分析 ·· 117

6.4　基于陆-气响应与反馈机制的土壤水分对气候要素的时滞效应量化方法 ·· 118

　　6.4.1　参考作物蒸散发的计算和验证 ·· 118

　　6.4.2　土壤水分和气象变量的时空变化分析 ·· 119

　　6.4.3　土壤水分与气象变量之间的滞后时间量化 ····································· 121

　　6.4.4　气象变量对土壤水分变化影响的解释率分析 ································ 125

6.5　基于土壤水分对气象要素时滞效应的综合农业干旱指数 ·················· 126

　　6.5.1　综合农业干旱指数的构建 ·· 126

　　6.5.2　传统干旱指数的选择 ··· 127

　　6.5.3　长时序 CADI 的计算 ··· 128

　　6.5.4　CADI 与传统干旱指数的相关性分析 ·· 129

　　6.5.5　基于 CADI 的长江流域农业干旱监测 ·· 132

第7章　流域干旱的生态效应 ··· 136

7.1　流域干旱与生态效应 ··· 136

　　7.1.1　"骤旱" ·· 136

　　7.1.2　总初级生产力 ·· 136

　　7.1.3　植被绿度 ·· 137

7.2　数据处理与模型构建 ··· 137

　　7.2.1　数据介绍与预处理 ··· 137

　　7.2.2　模型构建与方法 ·· 139

7.3　流域生态系统总初级生产力验证分析 ……………………………………144
　　7.3.1　模拟 GPP 与 AVHRR_GPP 产品检验 …………………………………144
　　7.3.2　基于月尺度的 1981～2015 年时间序列 Morlet 小波分析 ……………145
7.4　干旱与绿度变化对中国湿润半湿润地区总初级生产力的影响 ……………147
　　7.4.1　干旱事件下 GPP 协同 SPEI-3 及 NDVI 的时空分析 …………………148
　　7.4.2　基于五年时间尺度 GPP 协同 SPEI-3 及 NDVI 时空变化趋势 ………150
　　7.4.3　湿润半湿润区不同气候带下干旱及绿度变化对 GPP 的影响 …………152
7.5　鄱阳湖流域干旱效应的应用 …………………………………………………153
　　7.5.1　鄱阳湖流域地理位置及环境 ……………………………………………153
　　7.5.2　干旱对鄱阳湖流域植被生态系统 GPP 的影响 ………………………154
　　7.5.3　干旱事件下绿度对鄱阳湖流域植被生态系统 GPP 的影响 ……………157
参考文献 …………………………………………………………………………………158

第1章 绪 论

1.1 洪旱灾害研究意义

全球灾害类型多样，按照紧急灾难数据库（the emergency events database，EM-DAT）全球应急事件数据集的分类体系可以将全球主要灾害分为洪水、风暴、流行病、地震、干旱、滑坡、极端气温、森林火灾及其他九大类。其中由洪水及干旱构成的洪旱灾害是各类灾害中最为常见也是造成经济损失较为严重的灾害类型。建立系统化灾害遥感风险与综合评估体系的前提，需要收集前期灾害数据，掌握不同历史时期灾害的时空分布特征，从而通过已发生的历史灾害，利用遥感数据复现其发生发展过程，对其灾害风险及损失作出综合评估。在气候变化的大背景下，全球范围内气象灾害（台风、暴雨、高温、干旱、沙尘、雪灾）发生的地域明显增多，频率和强度显著增加。2000～2016年，全球气象灾害数量上升了46%，人类经济社会可持续发展面临严峻的挑战。洪涝及干旱发生频率与发生范围似乎都有显著增加趋势。

通过遥感技术对洪旱灾害进行风险评估，可以提前预测灾害发生的可能性和潜在损失，为灾害预防和减灾提供科学依据。灾害发生时，遥感数据可以快速获取灾区信息，为紧急救援和灾后重建提供决策支持。遥感技术为洪旱灾害相关的科学研究提供了新的数据来源和方法论，推动了灾害科学的发展。气候变化是导致洪旱灾害频发的主要原因之一，遥感评估有助于理解和适应气候变化。

灾害风险评估有助于政府和相关部门优化资源配置，提高灾害应对能力。洪旱灾害是全球性问题，遥感评估技术可以支持国际的灾害风险管理和人道主义援助。准确的灾害风险与损失评估可以为政策制定提供数据支持，帮助政府制定有效的防灾减灾政策。洪旱灾害对生态环境造成破坏，通过遥感评估可以监测生态环境变化，为生态修复和保护提供数据支持。灾害风险评估结果可以提高公众对洪旱灾害的认识，增强防灾意识。通过有效评估灾害风险，减少灾害对社会稳定和人民生活的冲击。洪旱灾害造成巨大的经济损失，遥感技术可以量化这些损失，为保险业和财政补偿提供依据。洪旱灾害风险与损失遥感综合评估研究不仅对科学研究具有重要意义，也对防灾减灾实践具有重要价值，有助于构建更加安全、可持续的社会。

1.2 洪旱灾害遥感综合评估关键问题

洪旱灾害遥感综合评估涉及多个关键问题，这些问题直接关系评估的准确性和有效性。下面对这些关键问题进行详细分析。

1. 数据获取与处理

对于洪旱灾害的遥感监测，需要选择合适的数据源，如卫星遥感数据、无人机遥感数据等。这些数据应具有高空间分辨率、高时间分辨率和高光谱分辨率，以满足对洪旱灾害的精确监测和评估需求。数据预处理是遥感综合评估的基础，包括数据校正、去噪、增强等步骤。这些处理步骤能够确保数据的准确性和可靠性，为后续的分析和评估提供坚实的基础。利用不同传感器类型的遥感数据，如光学影像和合成孔径雷达（synthetic aperture radar，SAR）影像，进行洪涝灾害的监测。这种方法能够克服单一数据源的局限性，提供更全面的灾害信息。例如，光学影像可以提供高分辨率的细节信息，而 SAR 影像则能够穿透云层，不受天气条件限制，实现全天候监测。通过深度学习和语义信息处理技术，实现灾前光学影像和灾后 SAR 影像的自动、高精度配准，以及洪水变化监测和灾损信息提取。利用变化检测算法，结合灾前灾后的水体提取结果，提取洪水变化范围。

利用遥感干旱指数，如标准化降水指数（standardized precipitation index，SPI）、标准化降水蒸散指数（standardized precipitation evapotranspiration index，SPEI）、植被健康指数（vegetation health index，VHI）、条件温度指数（temperature condition index，TCI）、距平植被指数（anomaly vegetation index，AVI）、可见光和短波红外干旱指数（visible and shortwave infrared drought index，VSDI）和全球植被水分指数（global vegetation moisture index，GVMI），结合土壤墒情数据，建立综合遥感干旱监测模型，以评估干旱对农业的影响。应用趋势度检验法，如 M-K 检验，对遥感时序数据进行趋势分析，以识别干旱和洪涝灾害的发展趋势。

2. 灾害范围与强度监测

利用遥感技术，如可见光和红外遥感图像处理技术、雷达遥感合成孔径雷达干涉术（interferometric synthetic aperture radar，InSAR）等，可以准确提取洪水的边界和覆盖区域，为灾害范围的确定提供关键信息。通过分析遥感数据中的植被指数、土壤湿度等指标，可以评估干旱的范围和强度。这些指标能够反映地表的水分状况，为干旱灾害的监测和评估提供重要依据。

3. 灾害损失评估

结合地理信息系统（geographic information system，GIS）和遥感数据，可以评估洪水对基础设施、农作物、财产等造成的损失。这需要对遥感数据进行深入分析，提取相关灾害信息，并结合实地调查数据进行验证和修正。遥感技术还可以用于评估洪水对生态环境、水质等的影响。通过分析遥感数据中的植被覆盖度、水体面积等指标，可以评估生态系统的健康状况和变化趋势，为环境保护和恢复提供指导。

4. 灾害风险分析

利用遥感数据和水文模型，可以模拟洪水过程，分析洪水发生的概率和可能影响区域。这有助于为防洪减灾提供决策支持，制定有效的防灾措施。通过分析历史干旱数据和遥感数据，可以评估干旱灾害的发生概率和影响程度。这有助于制定干旱预防和应对措施，减轻干旱灾害对人类社会和自然环境的影响。

5. 综合评估模型与方法

洪水灾害风险评估实际上是一个多因素综合决策过程，需要构建一个综合评估模型来整合各种数据和评估方法。这个模型应该能够全面考虑自然和人为因素的变化对洪旱灾害风险的影响。在综合评估中，需要选择适合的方法和算法来处理和分析遥感数据。例如，可以运用机器学习算法来提高数据处理的效率和准确性；运用模糊综合评价和层次分析法等方法来构建风险评估模型。

6. 其他问题与挑战

为了提高评估的准确性和可靠性，需要对来自不同卫星和数据源的数据进行融合和集成。这需要使用先进的数据融合技术和方法，以确保数据的一致性和互补性。遥感综合评估需要实现实时或近实时的数据获取和处理，以快速响应洪旱灾害的发生和发展。同时，还需要确保数据的准确性和可靠性，以避免误导决策和行动。

目前，遥感技术在洪旱灾害风险与损失综合评估中仍面临一些技术瓶颈和挑战。例如，如何进一步提高数据处理的效率和准确性；如何更好地融合多源数据以提高评估的精度和可靠性；如何开发更智能、更高效的算法和方法来应对复杂多变的灾害环境等。

洪旱灾害风险与损失遥感综合评估涉及多个关键问题和技术挑战。为了解决这些问题和挑战，需要不断加强技术研发和创新，提高遥感技术的应用水平和综合评估的准确性和可靠性。

1.3　本书章节安排

为了对比洪涝及干旱等气象灾害相对于其他灾害差异化的时空变化规律，为后续洪旱灾害风险分析与损失遥感评估提供基础，本书第 2 章首先介绍全球和"一带一路"沿线灾害数据及模型数据获取，对比分析全球不同类型自然灾害的时空变化规律，并着重探讨洪旱灾害在全球尺度上独特的变化趋势。

近年来极端降水事件频发，洪涝相关的灾害风险评估、灾中监测及灾后评估已成为科学家、政府和公众关注的热点。第 3 章首先综合剖析洪涝灾害发生潜在的致灾因子危险性、孕灾环境敏感性和承灾体脆弱性，从而构建后续客观评价洪涝灾害风险的基础。通过多时相云剔除、水体自动化提取实现快速多时相合成法可有效监测洪涝灾害发展过程，在同步考虑降雨、径流预报的基础上，能更加精准地实现对洪涝灾害的危险性及最终风险的评估。与此同时，基于地理信息系统（GIS）技术将淹没区社会经济特征和洪水灾害损失行政单元进行地理叠加分析，构建损失评估的空间信息格网模型，可有效实现洪涝灾害的灾中动态监测及灾后损失评估。在此基础上，构建洪涝灾害风险评估方法体系，基于多时相遥感合成的洪涝灾害快速监测方法，构建基于深度学习的降雨径流模型预测河道洪水径流量方法，实现基于站点降雨量和再分析数据降雨量驱动的深度学习的径流预报，最后分别构建洪涝灾害危险性和洪涝风险评估模型，并在南亚洪涝灾害区、长江及淮河流域和鄱阳湖流域开展模型应用研究。第 4 章介绍洪涝灾害监测与损失评估，通过构建洪涝灾害损失模型，明确界定区分洪涝灾害主要的直接和间接经济损失，并以国内的鄱阳湖流域、长江流域、淮河流域、松辽河流域，国外的曼哈迪河流域、印度河流域等多次洪涝灾害过程的遥感监测为案例，全面展示遥感技术在洪涝灾中监测与灾后损失评估中的应用能力。

相对于洪涝灾害的突发性，干旱灾害则呈现的是一个更为长期性、持久性的累积过程，涉及的水循环要素也更为复杂，除与短期的降水相关外，还与前期地表的土壤含水量、地表水及地下水储量等因素息息相关。干旱在水循环上可以表现为气象干旱、水文干旱，但最终的灾害影响则直接体现在农业及生态上的损失。土壤含水量的异常减少过程是农业及生态上发生干旱的前兆。作物及自然植被伴随土壤含水量的变化，而逐渐丧失水分并凋亡的过程则是旱灾在农业、生态上的直接体现。由于监测技术本身的局限性，现有遥感方法难以直接获取高空间分辨率的土壤含水量监测结果。因此，第 5 章以干旱遥感监测的关键因子土壤含水量为突破口，以鄱阳湖流域为例，重点关注土壤含水量遥感产品的空间降尺度分析方法。在剖析欧洲空间局气候变化倡议（European Space Agency Climate Change Initiative，ESA CCI）土壤含水量监测数据的基础上，结合地表温度（land surface temperature，LST）、地表反照率（Albedo）、归一化植被指数（normalized difference vegetation index，NDVI）、土地覆盖类型（Landcover）等多种环境因子数据、流域内地面站点的实测土壤含水量数据、全球陆地数据同化系统（global land data assimilation system，GLDAS）中的土壤含水量数据，对比不同降尺度方法的有效性。第 6 章、第 7 章分别从农业干旱和生态干旱的角度对具体的干旱遥感监测应用进行阐述。第 6 章首先分析利用微波遥感技术获取长时序、高空间分辨率覆盖土壤水分数据的优势，考虑土壤水分在农业干旱监测中的重要性，探索仅基于土壤水分数据的长江流域历史农业干旱时空演变规律。其次为了挖掘土壤水分记忆对干旱监测中滞后效应的影响，构建陆-气响应与反馈机制的土壤水分对气候要素的时滞效应量化方法。在研究长江流域土壤水分对气象变量时滞的基础上，构建综合农业干旱指数（comprehensive agricultural drought index，CADI），该方法可以有效捕捉作物生长季干旱。第 7 章基于碳水循环模型 WaSSI-C 模型，模拟计算 1981～2015 年逐月尺度的中国湿润半湿润地区植被生态系统总初级生产力（gross primary productivity，GPP），结果表明该模型在区域尺度上有着良好的适用性。从总初级生产力、植被绿度等不同维度，利用干旱指数 SPEI3 和 NDVI 绿度变化进行时空分布变化分析，揭示干旱对不同生态指标的持续影响过程，并以中国湿润半湿润地区、鄱阳湖流域两个层次探讨干旱及绿度变化对中国湿润半湿润地区植被生态系统 GPP 的影响。

第2章　灾害时空分布特征与演变

本章对全球自然灾害时空分布特征进行简要分析，其中洪旱灾害影响巨大，给世界各国和地区带来巨大的人员伤亡和经济损失。

2.1　灾害数据获取

2.1.1　全球和"一带一路"沿线灾害数据

EM-DAT 是一个全球紧急事件数据库，包含了 1900 年至今世界上所有重大灾害的核心数据。该数据库的信息主要来自联合国机构、政府间组织、保险公司、研究机构和新闻机构，详细记录了全球各个国家各种灾害发生时间、死亡人数、受伤人数、经济损失等信息，为自然灾害事件的统计分析提供了翔实的数据。本小节收集 1900~2018 年全球和"一带一路"沿线自然灾害数据，包括洪水、干旱、风暴（对流风暴、热带风暴、热带气旋等）、地震、山体滑坡、火山喷发、森林火灾、极端气温、流行病、病虫害等数据，如表 2-1 和表 2-2 所示。由于病虫害和火山喷发活动等灾害发生频次及造成的总体影响较小，将其合并为其他灾害数据。其中，洪水灾害、风暴灾害在过去的一个世纪里是全球和"一带一路"沿线自然灾害中发生频次最多的灾害，而干旱灾害在全球和"一带一路"沿线造成的死亡人数最多，分别为 1 173.13 万人和 965.41 万人，因此从全球范围来看，以洪旱灾害为主的自然灾害给世界经济和发展带来巨大的影响。

表 2-1　1900~2018 年全球自然灾害情况统计

灾害类型	发生频次	死亡人数/万人	受伤人数/亿人	经济损失/亿美元
洪水	4 991	698.02	38.08	7 947.77
风暴	4 189	139.58	11.47	14 435.27
流行病	1 453	960.07	0.46	——
地震	1 374	258.30	1.96	8 266.71
干旱	729	1 173.13	26.90	1 736.70
山体滑坡	722	6.57	0.14	106.79
极端气温	575	18.34	1.03	632.66
森林火灾	432	0.42	0.07	1 041.96
其他	386	10.59	0.12	51.56
总计	14 851	3 265.02	80.23	34 219.42

表 2-2　1900～2018 年"一带一路"沿线自然灾害情况统计

灾害类型	发生频次	死亡人数/万人	受伤人数/万人	经济损失/亿美元
洪水	2 041	681.19	358 712.80	4 667.61
风暴	1 558	121.37	95 159.67	1 946.21
地震	659	144.58	13 921.19	1 975.96
流行病	332	653.63	590.07	—
干旱	170	965.41	209 935.83	645.55
森林火灾	96	0.09	141.74	79.11
山体滑坡	317	2.11	802.36	29.60
极端气温	312	9.22	8 924.00	274.34
其他	62	0.47	219.12	2.77
总计	5 547	2 578.06	688 406.79	9 621.14

2.1.2　西北太平洋台风灾害与辅助数据集

本章收集了西北太平洋台风最佳路径数据集，包括中国气象局 1949～2018 年台风最佳路径数据集，美国联合台风预警中心（Joint Typhoon Warning Center，JWTC）1989～2018 年台风最佳路径数据集，日本气象厅区域专业气象中心（Regional Specialized Meteorological Centre，RSMC）东京台风中心 1951～2018 年台风最佳路径数据集，数据集包括台风的编号、名称、路径、强度、风速、风向和气压等信息，还收集了近 10 年以来（截至 2018 年）中国区域台风灾害数据，包括台风编号和名称、登陆时间和地点、最大风力、受灾人口、死亡人口、失踪人口、转移安置人员、倒塌房屋、受灾面积和直接经济损失等。统计显示，近 20 年来（截至 2018 年）中国每年因台风造成的直接经济损失高达 233.5 亿元，死亡人数达 440 人，农作物受灾面积达 4 323.8 万亩（1 亩=666.7 m²），倒塌房屋 30.7 万间。

通过 1989～2018 年西北太平洋台风对我国东部的影响分析，收集了中国东部（包括云南、广西、广东、海南、福建、江西、湖南、湖北、浙江、上海、江苏、安徽、山东、河南、河北、天津、辽宁和吉林等地）1 000 多个县的社会经济统计数据和地形地貌等辅助数据。

2.1.3　全球 NCEP/NCAR 再分析数据集

全球 NCEP/NCAR 再分析数据集由美国国家环境预报中心（National Centers for Environmental Prediction，NCEP）和美国国家大气研究中心（National Center for Atmospheric Research，NCAR）联合制作。采用全球资料同化系统和完善的数据库，对各种来源（地面站、船舶、无线电探空、测风气球、飞机、卫星等）的观测资料进行质量控制和同化处理，获得一套完整的再分析综合数据集。该数据集要素多，范围广，延伸的时段长，时间为1999～2018年，时间分辨率为6 h，空间分辨率为1°×1°。

2.1.4 鄱阳湖流域与山西省数据

鄱阳湖流域数据包括遥感影像数据（1973～2019年）、降水量数据（1973～2019年）、归一化植被指数数据集（1980～2019年）、中国干旱灾害数据集、中国暴雨洪涝灾害数据集、累年月蒸发量数据、灾害损失数据、土地利用数据。山西省数据包括1957～2019年降水数据。

2.2 全球自然灾害时间特征

对1900～2018年全球自然灾害发生频次、死亡人数、受伤人数及经济损失随时间的变化特征进行整体分析，如图2-1所示。从发生频次来看，全球自然灾害整体趋势是先呈指数型快速增加后基本保持稳定且基数较大，年累计发生频次在350～450次范围内变化。2000～2018年全球自然灾害发生频次高达7 788次，超过1900～2018年全球自然灾害发生频次（14 851次）一半以上，说明相比于20世纪，21世纪全球自然灾害事件发生得更为频繁。1900～2018年全球自然灾害造成的死亡人数与发生频次的峰值出现时间存在明显的不一致。1950年以前，全球各类自然灾害年均发生频次为30次，其中，1931年因灾死亡人数最多，有370余万人死亡。死亡人数在100万人以上的年份共有8个，均发生在1950年以前。1950年以后因灾死亡人数显著减少，仅1959年和1965年

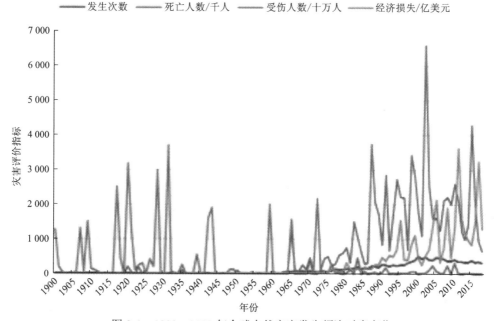

图2-1 1900～2018年全球自然灾害发生频次时序变化

因灾死亡人数超过 150 万人，其余年份均低于 50 万人。进入 21 世纪以后，灾害造成的死亡人数均低于 30 万人。因灾经济损失一直随着灾害频次的增加呈波动增加趋势，随着经济的日益发展，全球抵御自然灾害的能力逐渐增强，但同时自然灾害带来的经济损失也日渐加大。

2.3　全球自然灾害空间特征

1900～2018 年，风暴灾害是全球灾害累计经济损失最大和发生频次较多的灾害类型，其分布区域范围较广，主要分布在位于西半球的美国和位于东半球的菲律宾、中国、印度、日本、孟加拉国。美国受到风暴灾害影响最为频繁，风暴发生频次高达 600 余次，造成的经济损失约为 8 400 亿美元，远远超过全球其他任何国家和地区。除美国外，菲律宾、中国、印度、日本和孟加拉国等国家风暴发生频次均超过 170 次，但造成的经济损失相对较小，其中中国和日本经济损失相差不大，两个国家的经济损失均为 1 000 亿美元左右。风暴造成死亡人数最多的国家为孟加拉国（63.5 万）。洪水灾害是发生范围最为广泛的灾害类型，全球绝大部分区域都被洪灾所影响。无论是从发生频次、因灾死亡人数来看，还是从灾害经济损失来看，中国都是世界上洪水灾害最严重的国家，这将严重制约中国经济的可持续发展。地震灾害具有明显的地域性特征，其主要发生地为处于环太平洋火山地震带上的南美洲西海岸和处在地中海—喜马拉雅火山地震带的欧洲及亚洲地区，其中，中国发生地震最为频繁，高达 160 余次，经济损失约为 800 亿美元。日本为发达国家，经济发展水平高、单位经济产值较高，但是由于发生重大地震 60 余次，其经济损失数值最大，约为 3 800 亿美元。造成死亡人数较多的地震则发生在人口密度相对较大的地区。

2.4　全球自然灾害趋势变化分析

2.4.1　灾害发生频次演变趋势

表 2-3 列出了 1900～2018 年全球自然灾害重心及标准差椭圆的参数。从重心分布范围来看，1900～2018 年自然灾害发生频次重心主要分布在 2°51′E～32°22′E 和 17°5′N～25°59′N 之间，重心平均移动距离约为 915.54 km，在南北方向移动距离较小，在东西方向移动范围较大，整体往东南方向移动；标准差椭圆转角在 90.419°～93.061°变化，灾害呈现西北—东南分布格局，这种格局变化依次呈现出增强、弱化、弱化、增强、弱化的趋势；从椭圆分布形状来看，椭圆的长半轴长度整体上先增大后减小，而短半轴长度一直增大，长短半轴的比值总体呈现不断缩小，说明灾害发生频次在南北方向有扩张趋势，在东西方向有收缩趋势。

表 2-3 1900～2018 年全球自然灾害重心及标准差椭圆参数

灾害指标	时间段/年	重心坐标	重心移动距离 /km	长半轴长度 /km	短半轴长度 /km	标准差椭圆转角 /（°）
发生次数	1900～1919	2°51′E, 25°59′N	0	128.259	27.332	91.917
	1920～1939	25°39′E, 25°25′N	2 279.858	127.858	30.822	93.061
	1940～1959	21°15′E, 25°47′N	443.780	133.225	30.052	90.424
	1960～1979	32°22′E, 17°5′N	1 474.704	121.690	31.777	90.419
	1980～1999	26°15′E, 20°7′N	732.420	117.532	32.652	91.850
	2000～2018	31°38′E, 19°56′N	562.451	106.830	32.435	90.709
死亡人数	1900～1919	39°33′E, 31°3′N	0	119.800	14.199	94.459
	1920～1939	95°29′E, 32°23′N	5 330.423	6.036	29.125	72.988
	1940～1959	88°54′E, 28°2′N	784.935	8.196	36.926	79.843
	1960～1979	72°36′E, 22°54′N	1 698.606	10.351	57.641	81.869
	1980～1999	43°53′E, 14°4′N	3 101.142	19.675	69.143	84.206
	2000～2018	49°23′E, 21°19′N	1 000.913	100.756	24.227	90.248
经济损失	1900～1919	17°9′E, 20°22′N	0	35.144	112.159	73.822
	1920～1939	17°33′E, 22°34′N	248.157	42.649	147.515	83.506
	1940～1959	37°57′W, 36°46′N	1 984.713	146.488	31.740	90.774
	1960～1979	6°3′W, 29°55′N	2 942.117	131.829	32.508	94.808
	1980～1999	24°46′E, 35°13′N	2 453.971	136.888	23.438	92.117
	2000～2018	5°48′E, 34°25′N	2 269.810	151.027	25.860	93.177

2.4.2 灾害死亡人数演变趋势

由表 2-3 可知，灾害死亡人数从重心分布范围来看，主要分布在 39°33′E～95°29′E 和 14°4′N～32°23′N 之间，重心移动距离一直在缩小，重心先向东移动到最大距离，后往西南移动，死亡人口主要集中在中国、印度及非洲东北部；标准差椭圆转角在 72.988°～94.459° 变化，灾害先呈现西北—东南分布格局，后转变成西南—东北格局，且这种格局不断弱化，直到最后重新呈现西北—东南分布格局；值得注意的是，在 1920～1939 年，灾害死亡人数重心位于中国，且椭圆覆盖范围最小，说明在此阶段中国灾害死亡人数较多。从椭圆分布形状来看，椭圆的长半轴长度在 1900～1919 年为 119.8 km，而在 1920～1939 年大幅减小到 6.036 km，到 1980～1999 年一直在 20 km 以内，而短半轴长度一直在增加，说明灾害死亡人口分布的核心区域逐步收缩，到 2000～2018 年，长半轴长度重新增加到 100 km，灾害重心有从东往西转移的趋势。

2.4.3　灾害经济损失演变趋势

由表 2-3 可知，1900～2018 年灾害经济损失的空间演变趋势的重心分布较为离散，1940～1959 年，重心移动距离由 248.157 km 增加到 1 984.713 km，变化最大，整体上东西向移动距离大于南北向；从标准差椭圆的转角来看，转角在 73.822°～94.808°变化，转角先增大后减小，灾害先呈现西南—东北分布格局，后转变成西北—东南分布格局，经济损失主方向总体往西北方向转移。从椭圆分布形状来看，椭圆的长半轴长度总体在增加，短半轴长度总体在减小，长半轴长度在 2000～2018 年增加到最大 151.027 km，短半轴长度大幅减小到 25.860 km，此时灾害经济损失的空间分布方向性最为明显。

第3章 洪涝灾害风险评估

洪灾和涝灾往往同时发生，统称为洪涝灾害。通过第 2 章对 1900～2018 年全球自然灾害时空特征的分析，洪水灾害是全球发生频率最高、死伤人数最多的自然灾害。洪涝灾害也是我国最严重的自然灾害之一，给人民生活和社会发展带来巨大的影响，因此开展洪涝灾害风险评估具有重要的意义。

3.1 概　　述

洪涝灾害风险评估是对洪涝灾害致灾因子发生的概率和灾害发生后可能造成的损失进行评估，是有效管理洪涝灾害的基础。

从气象灾害机理的角度来看，形成气象灾害的必要条件包括：诱发气象灾害的致灾因子；形成气象灾害的孕灾环境，其对致灾因子的危险性有放大和缩小作用；致灾因子作用的承灾体，其空间分布决定承灾体在致灾因子作用下的暴露度，其脆弱性决定致灾因子造成的破坏程度；以及致灾因子和成灾体的相互作用。基于气象灾害成灾机理，气象灾害风险（R）是致灾因子危险性（H）、孕灾环境敏感性（E）和承灾体脆弱性（V）等因素的综合作用，气象灾害风险指数模型为：气象灾害风险度=危险性×敏感性×脆弱性。具体计算时考虑这三个因素对灾害风险的决定程度，具体公式如下：

$$R = H^{\alpha} \times E^{\beta} \times V^{\delta} \tag{3-1}$$

式中：α、β 和 δ 分别为致灾因子危险性、孕灾环境敏感性和承灾体脆弱性的评价因子权重，根据台风和洪涝灾害的灾害特征选取相应的评价指标计算得到。

灾害风险评估时对各指标进行相加、相乘计算，各指标对风险评估结果的贡献存在差异，需要对各个指标进行权重赋值。本书采用层次分析法（analytic hierarchy process，AHP）确定各指标权重，该方法是一种定量和定性结合的多目标决策分析方法。其核心是将决策者的经验判断量化，为决策者提供定量的决策依据，在目标结构复杂、缺失必要数据时较为实用。利用层次分析法计算指标权重系数，实际是在建立有序递阶指标系统的基础上，通过指标间的比较对系统中各指标进行评价，利用评价结果综合计算指标的权重系数。层次分析法已经在气象灾害风险研究的理论与实践中得到广泛应用。本书利用层次分析法确定台风和洪涝灾害危险评估各指标之间的权重，具体步骤如下。

（1）构造层次结构模型。根据洪涝灾害风险形成、影响的主要因子及其相互间的属性关系，构造一个递阶层次结构模型。按照属性的不同，由上到下分为目标层、准则层和指标层。

（2）标度。洪涝灾害文献评估是一个多因素的评估过程，既有定量的因素，也有定性的因素，各因素对洪涝灾害风险形成的重要程度不同。层次分析法通常采用的是 9 标度，1～9 标度的具体含义如表 3-1 所示。

表 3-1　层次分析法 1～9 标度的含义

标度 a_{ij}	含义
1	因素 i 与因素 j 同等重要
3	因素 i 比因素 j 稍重要
5	因素 i 比因素 j 较重要
7	因素 i 比因素 j 非常重要
9	因素 i 比因素 j 绝对重要
2，4，6，8	因素 i 与因素 j 的重要性比较值介于上述两个相邻等级之间
倒数 $a_{ji}=1/a_{ij}$	因素 j 与因素 i 比较得到的判断值为 a_{ij} 的倒数 a_{ji}，$a_{ii}=1$

（3）构造判断矩阵。该步骤是层次分析法的一个关键步骤。对同一层次的各元素，关于上一层次中某一准则的重要性进行两两比较，依照上一步骤中的标度方法，构造两两比较判断矩阵 $[a_{ij}]$。矩阵如表 3-2 所示。

表 3-2　两两比较判断矩阵

A	a_1	a_2	$\cdots$	A_n
a_1	a_{11}	a_{12}	$\cdots$	a_{1n}
a_2	a_{21}	a_{22}	$\cdots$	a_{2n}
$\vdots$	$\vdots$	$\vdots$		$\vdots$
a_n	a_{n1}	a_{n2}	$\cdots$	A_{nn}

该矩阵应满足以下条件：

$$\begin{cases} a_{ii}=1 \\ a_{ij}=1/a_{ji} \end{cases} \quad (i,j=1,2,\cdots,n) \qquad (3\text{-}2)$$

（4）计算单排序权向量并做一致性检验。对每个成对比较矩阵计算最大特征值及其对应的特征向量，利用一致性指标、随机一致性指标和一致性比率做一致性检验。若检验通过，特征向量（归一化后）即为权向量；若不通过，需要重新构造成对比较矩阵。

（5）计算总排序权向量并做一致性检验。计算最下层对最上层总排序的权向量。利用总排序一致性比率：

$$CR = \frac{a_1 CI_1 + a_2 CI_2 + \cdots + a_m CI_m}{a_1 RI_1 + a_2 RI_2 + \cdots + a_m RI_m} \qquad (3\text{-}3)$$

利用 $CR<0.1$ 进行检验。若通过，则可按照总排序权向量表示的结果进行决策，否则需要重新考虑模型或重新构造那些一致性比率 CR 较大的成对比较矩阵。

3.2 快速多时相合成法洪涝灾害监测

3.2.1 技术路线

快速多时相合成法洪涝灾害监测方法首先利用多时相合成的云剔除法将风云四号 A 星（FY-4A）一天内相邻时次多景影像进行合成，生成一景无云（少云）的遥感影像，通过最大类间方差法和混合像元分解法自动提取研究区内水体信息，通过与历史非洪涝灾害发生期水体背景信息对比分析，得到洪涝的空间分布和面积等定量信息结果，再对灾害覆盖区域结果进行准确性验证。基于 FY-4A 快速多时相合成法洪涝监测的技术路线如图 3-1 所示。

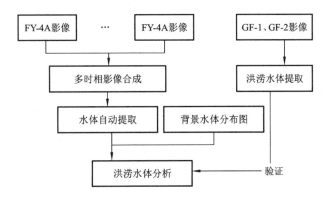

图 3-1 基于 FY-4A 快速多时相合成法洪涝监测的技术路线图

3.2.2 洪涝监测模型

1. 多时相合成的云剔除法

多时相合成的云剔除法的基础原理是通过同一地区不同时次的无云地表信息来替换被云覆盖的区域信息。在多时相无云像素镶嵌到云区域方法的基础上，加入数学形态学理论改进了云检测的方法。先对 FY-4A 一天内相邻时次多景影像数据进行辐射校正、图像配准，最大程度消除不同时相间的辐射及位置的差异；再对各景影像进行云检测分类，将影像分成云、无云地表两大类；经过检索，取多景影像中云量最小的时次作为合成影像的基底图，利用相邻影像无云像素替换基底图中的云像素，最终合成一景无云（少云）的影像图。

该方法的关键步骤是云检测，云检测方法利用云区在可见光波段 0.645 μm 处具有高反射率这一特点，初步确定云边界，由于存在一些较强反射的雪、冰等区域或者存在气溶胶等散射的情况会产生误差，首先采用阈值法对云进行粗判，判断式为

$$R_{\text{red}} > T \qquad\qquad (3\text{-}4)$$

式中：R_{red} 为红光波段的反射率；T 为选取的阈值。再利用数学形态学中的闭运算方法对

云边界进行提取，图像闭运算的优势是能够填补云内细小的空洞，连接断开的邻近云类，平滑云边界的同时并不明显改变面积。图像闭运算包括膨胀算法和腐蚀算法。设粗判后云检测二值图像集合为 A，结构元素集合为 B，膨胀算法符号为 $\oplus$，腐蚀算法的符号为 $\ominus$，闭运算的符号为 $\circledR$，定义为

$$
\begin{aligned}
A \oplus B &= U\{A+b:b\in B\} \\
A \ominus B &= I\{A+b:b\in B\} \\
A \circledR B &= (A \oplus B) \ominus B
\end{aligned}
\tag{3-5}
$$

结构元素集合 B 设为 5×5 矩阵：

$$
\begin{bmatrix}
0 & 0 & 1 & 0 & 0 \\
0 & 1 & 1 & 1 & 0 \\
1 & 1 & 1 & 1 & 1 \\
0 & 1 & 1 & 1 & 0 \\
0 & 0 & 1 & 0 & 0
\end{bmatrix}
$$

2. 水体自动提取方法

传统的水体提取方法需要反复试验确定最佳的水陆分割阈值，会消耗大量的人为时间，对于时间分辨率高、数据量大的 FY-4A 数据的水体提取显然不适用，选用最大类间方差法自动选择最佳阈值实现水体的提取，同时引入混合像元分解技术进一步从空间分辨率的角度提高水体提取精度。FY-4 水体自动提取技术流程如图 3-2 所示。

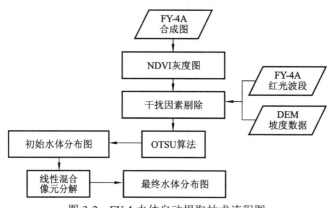

图 3-2　FY-4 水体自动提取技术流程图

DEM 为数字高程模型（digital elevation model），OTSU 为大津法

首先，基于 FY-4A 卫星数据，计算归一化植被指数（NDVI），该指数可以进一步扩大水体与背景的差异，突显影像中水体信息。

$$
\mathrm{NDVI} = \frac{R_{\mathrm{Nir}} - R_{\mathrm{red}}}{R_{\mathrm{Nir}} + R_{\mathrm{red}}}
\tag{3-6}
$$

式中：R_{Nir} 为近红外波段的反射率。

其次，考虑到云及地形阴影的存在是导致水体提取精度的主要干扰因素，一方面，利用多时相合成的云剔除法进行云剔除，另一方面，利用 SRTM SLOPE（90 m）分辨率坡度数据去除部分地形阴影，因地形阴影与水体光谱特征相似，而水体表面的坡度一般

低于 10°，应用该方法，也可以将影响水体提取的部分背景陆地同时剔除。

最后，基于最大类间方差法，采用自适应算法确定最佳阈值实现水体自动提取。OTSU 方法的计算过程为：对于图像 $I(x,y)$，设前景（即目标）和背景的分割阈值为 T（最佳阈值），前景像素点数占整幅图像的比例为 w_0，平均灰度为 μ_0；背景像素点数占整幅图像的比例为 w_1，其平均灰度为 μ_1；图像的总平均灰度为 μ_T，则最佳阈值的计算公式为

$$T = \arg\max w_0(\mu_0 - \mu_T)^2 + w_1(\mu_1 - \mu_T)^2 \tag{3-7}$$

为了进一步提高水体提取的精确度，采用线性混合像元分解模型计算每个像元水体百分含量，将一个像元内的端元分成水体和陆地两大类，则水体面积百分比 P 的计算公式为

$$P = \frac{R_L - R_M}{R_L - R_W} \tag{3-8}$$

$$\Delta S_w = P \times \Delta S \tag{3-9}$$

式中：R_W 为纯水体像元的反射率；R_L 为纯陆地像元的反射率；R_M 为待计算像元的反射率；ΔS_w 为待计算像元水体面积；ΔS 为该像元面积。

3.2.3 洪涝灾害监测

基于风云四号静止气象卫星高频次、高分辨率的特点，利用相邻影像分类合成的云剔除法对 FY-4A 卫星影像进行厚云去除，采用最大类间方差法和线性混合像元分解法提取洪涝灾害水体面积，对南亚地区的洪涝灾害进行监测。FY-4A 卫星多时相合成的云剔除法形成的合成影像[图 3-3（a）]显示，合成影像的云量明显减少，地表信息更加清晰，水体信息清晰可辨。合成影像与同时期的 FY-3D/MERSI 极轨气象卫星影像[图 3-3（b）]和 EOS/MODIS 8 天合成影像[图 3-3（c）]对比显示，FY-3D/MERSI 影像图中研究区上空大部分被云层覆盖，地表信息特别是水体信息不能清晰显示，MODIS 8 天合成图碎云较多，河道水体信息不明显，多时相合成法合成的影像图中水体信息最清晰，云分类的结果显示，对较厚和高的云剔除率超过 95%，仅对少动的薄云剔除能力受限。

| （a）FY-4A多时相合成法合成图 | （b）FY-3D/MERSI监测图 | （c）MOD09Q1 8天合成图 |

图 3-3　FY-4A/AGRI 多时相合成法合成图与 FY-3D/MERSI 监测图及 MOD09Q1 合成图对比

基于 FY-4A 多时相合成法监测南亚孟加拉国洪涝水体，其总面积约为 13 464 km²，经过与高分卫星数据监测的洪涝灾害对比验证，监测结果显示 FY-4A 与高分卫星数据提取的水体面积精度达到 90% 以上，因此，利用 FY-4A 卫星对洪涝灾害进行监测能有效发

挥其覆盖范围广、获取数据快、时效性强的优势,在有云覆盖的情况下,结合多时相合成的云剔除法能有效实时地对洪涝灾害进行监测。

3.3　降雨径流预报研究

3.3.1　基于 LSTM 网络的径流模拟模型

基于长短期记忆(long-short term memory,LSTM)网络模型(图 3-4)的流域降雨径流预报,以鄱阳湖抚河流域为例,采用抚河流域的降雨和径流数据分别作为模型驱动数据和标签数据,通过 LSTM 网络实现抚河流域径流模拟预报。结果表明,在使用气象站数据建立的日尺度径流模拟模型和使用热带测雨任务卫星(tropical rainfall measuring mission satellite,TRMM)数据建立的月尺度模型中,模拟结果与实测径流的相关性均可达 90%以上,偏差在±5%以内,模型在该区域的表现非常好,具备优秀的径流预报能力。

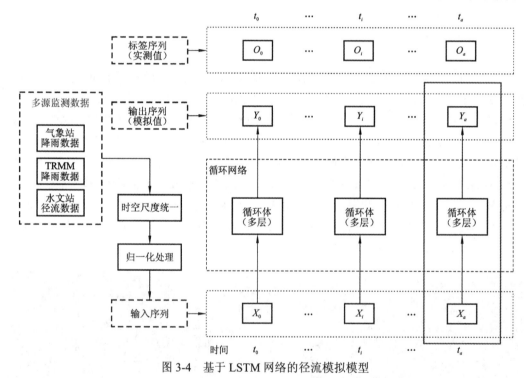

图 3-4　基于 LSTM 网络的径流模拟模型

t_0、t_i、t_a为不同时刻,O_0、O_i、O_a为不同时刻实测值,Y_0、Y_i、Y_a为不同时刻模拟值,X_0、X_i、X_a为不同时刻输入值

3.3.2　数据集划分

在日尺度的径流预测模拟实验中,由于河流径流量数据在年内具有相似的变化规律,所以直接将 1960 年 1 月 1 日至 1989 年 12 月 31 日共 30 年数据作为训练集来对模型进行训练,1990 年 1 月 1 日至 2009 年 12 月 31 日共 20 年的数据作为测试集来测试模型

精度。在月尺度的径流预测模拟实验中，由于数据量较小，为了提高模拟精度，采用"交叉验证法"对数据集进行划分，将 1998～2009 年共 12 年的数据集 M 等分为 12 个大小相同的互斥子集，即每年的数据作为一个子集，每次将 1 个子集作为测试集，其余 11 个子集作为训练集，共进行 12 次训练和测试，最终返回 12 个测试结果的均值，如图 3-5 所示。

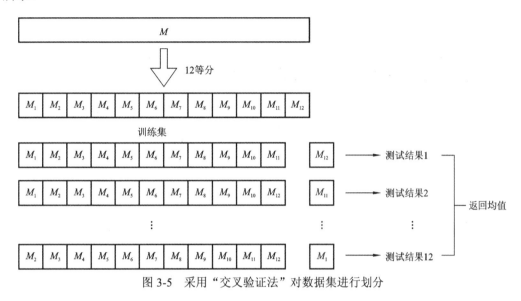

图 3-5 采用"交叉验证法"对数据集进行划分

3.3.3 基于气象站降雨数据的日径流预测

无论是训练集还是测试集，径流模拟值与实测值之间的相关指标 R^2、纳什效率系数（Nash-Sutcliffe efficiency coefficient，NSE）均在 0.92～0.96，百分比偏差均在 ±5% 以内，模型表现非常好，其中迭代 75 次和 175 次偏差为正，模拟值整体偏低，迭代 270 次偏差为负，模拟值整体偏高。用训练 175 次的模型对数据集进行预测，将径流实测值与计算得到的径流模拟值按时间顺序绘制成图（图 3-6），整个数据集包含约 18 000 个数据点，由于数据量较大，时间序列图并不能直观地描述模型的模拟结果，而使用流量历时曲线可以 70 次偏差为负，模拟值整体偏高。使用流量累积历时曲线可以更好地描述长持续时间数据集（≥10 年的每日数据集）模型的性能。以日均径流量为纵坐标，超过该径流量的累积天数为横坐标绘制得到迭代 175 次模型的流量累积历时曲线（图 3-7），从图中可以发现，无论训练集还是测试集，在较低径流量范围内（0～1 000 m³/s），模拟值数据点大部分在实测值数据点的左边，说明相同的日均径流量，大于该值的模拟累积天数小于实际累积天数，反过来说也就是小于该值的模拟累积天数大于实际累积天数，说明径流模拟值整体偏低，而计算得到的偏差 P_{bias} 为正值（训练集 4.97%，测试集 2.22%），同样表明模拟值偏低，二者结论相符。总体来说，模拟值与实测值十分相近，模型模拟效果优秀。

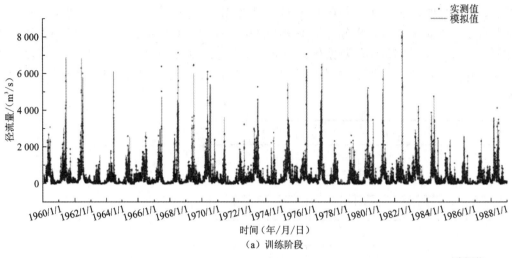

（a）训练阶段

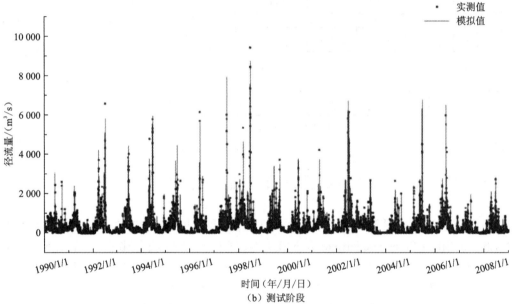

（b）测试阶段

图 3-6 降雨径流预报模型在训练和测试阶段的验证

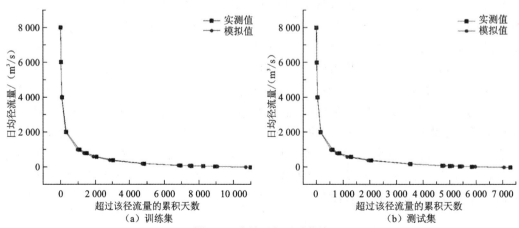

图 3-7 流量累积历时曲线

3.3.4 基于 TRMM 降雨数据的月径流预测

依次将 1998~2009 年中 1 年的数据作为测试集，其余 11 年数据作为训练集，共进行 12 次的训练与测试，通过对比 12 次的训练与测试得到的径流实测值与模拟值之间的精度评价指标，发现将 2009 年的数据作为测试集训练出来的模型表现最好，RMSE 在训练集上为 3 628.06 m³/s，是 12 种数据集划分方法中次小的；测试集达到 2 693.77 m³/s、全部数据集达到 3 559.58 m³/s，均是所有 12 个测试结果中最小的，因此将该划分方式的训练结果单独取出，作为实验的径流预测结果。利用 TensorBoard 对训练过程可视化，得到误差收敛曲线，发现在迭代 3 100 次左右测试集误差达到最小，将迭代 3 100 次训练出的模型应用于训练集、测试集和整个数据集，得到的精度评价指标如表 3-3 所示，模拟结果如图 3-8 所示。从表 3-3 中可以看出，模型在训练集的相关性均在 0.9 以上，偏差在 ±5% 以内，模拟效果非常好；测试集 R^2 和 NSE 分别为 0.81 和 0.74，模拟效果良好；偏差大于 15%，模拟效果很差，原因可能有两点：一是因为 TRMM 降雨数据本身的精度较低；二是因为测试集样本数非常少，仅有 12 个样本点，所以评价指标的偶然性很大。从整个数据集来看，相关性大于 0.9，偏差小于 5%，模型整体表现非常好。从图 3-8 中可以看出，模型对径流峰值的模拟偏低，整体模拟值与实测值吻合得较好。

表 3-3　模型迭代 3 100 次月径流结果精度

评价指标	训练集	测试集	整个数据集
R^2	0.93	0.81	0.92
NSE	0.91	0.74	0.91
P_{bias}/%	1.36	18.24	0.43

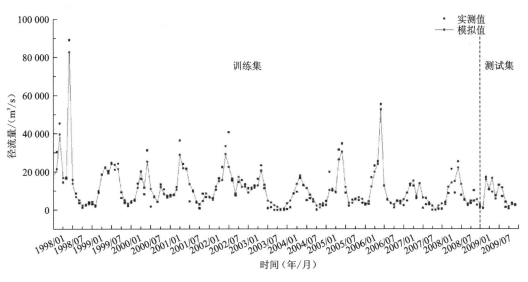

图 3-8　月径流模拟模型模拟结果

长时间尺度（如年、月等）径流预报对水库调度、河流输沙、水力发电和灌溉管理等具有重要的指导意义；实时（日、小时）径流预报则对洪水预报、预警工作的进行有着重要意义。

3.4 洪涝灾害危险性评估模型及应用

3.4.1 洪涝灾害危险性评估技术路线

洪涝灾害危险性评估主要考虑致灾因子和孕灾环境：评估致灾因子的危险性，致灾因子主要包括土壤湿度和降水量；评估孕灾环境的敏感性，孕灾环境包括河网密度、地形高程、高程标准差、土地覆盖类型。因此洪涝灾害危险评估是基于气象灾害成灾机理，建立危险性评估模型，实现对未来 24 h 内可能发生的洪涝灾害的危险性指数评估。洪涝灾害危险性评估的技术路线如图 3-9 所示。

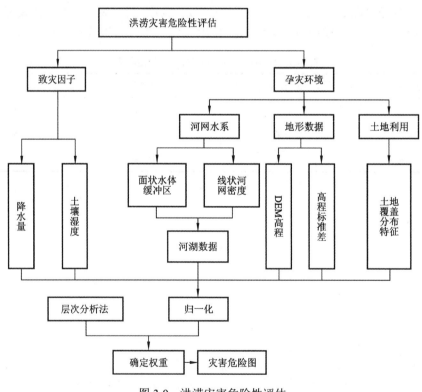

图 3-9　洪涝灾害危险性评估

3.4.2 洪涝灾害危险性评估模型

考虑致灾因子危险性、孕灾环境敏感性和承灾体脆弱性的洪涝灾害危险性评估模型如下：

$$R = \sum_{i=1}^{n} X_i W_i \qquad (3\text{-}10)$$

式中：R 为洪涝灾害危险性指数；W_i 为因子的权重；X_i 为对应因子的洪涝灾害影响度。其中 X_1、X_2、X_3、X_4、X_5、X_6 分别为土壤湿度、降水量、河网密度、地形高程、高程标准差、土地覆盖类型对洪涝灾害的影响度，W_1、W_2、W_3、W_4、W_5、W_6 分别为各评估指标因子的权重。

基于洪涝灾害危险性评估模型，可获得每天的洪涝灾害危险性指数图。根据最后计算的洪涝灾害危险性指数，可将研究区每天的洪涝灾害危险性划分不同的等级。

1. 致灾因子危险性

洪涝灾害的致灾因子危险性考虑的因子包括降水量和土壤湿度，计算方法如下：

$$X_2 = \begin{cases} 0, & P \leq 20 \\ \dfrac{3P - 20}{220}, & 20 < P \leq 80 \\ 1, & P \geq 80 \end{cases} \qquad (3\text{-}11)$$

式中：X_2 为降水量对洪涝灾害的影响度；P 为评估当天的降水量。

2. 孕灾环境敏感性

洪涝灾害的孕灾环境敏感性考虑的因子包括河网密度、地形高程、地形起伏度和土地覆盖类型，具体的计算公式示例如下：

$$X_4 = \begin{cases} 1 - \dfrac{h}{1\,000}, & h < 700 \\ 0.4, & h \geq 700 \end{cases} \qquad (3\text{-}12)$$

式中：X_4 为地形高程对洪涝灾害的影响度；h 为海拔高度。

$$X_5 = \begin{cases} 1 - \dfrac{s}{16}, & s < 10 \\ 0.4, & s \geq 10 \end{cases} \qquad (3\text{-}13)$$

式中：X_5 为高程标准差对洪涝灾害的影响度；s 为高程标准差。

土地覆盖类型及其影响权重如表 3-4 所示。

表 3-4 土地覆盖类型

项目	森林	草地、灌木	水体和湿地	裸地	耕地	城镇
影响权重	0.5	0.6	0.7	0.8	0.9	1.0

3. 因子归一化

土壤湿度和河网密度因子根据因子对洪涝灾害的贡献进行归一化，包括正向因子归一化和逆向因子归一化，具体的归一化方法如下。

正向因子归一化：

$$x_{ij} = \frac{x_i - x_{min}}{x_{max} - x_{min}} \tag{3-14}$$

式中：x_{max} 为评价因子最大值；x_{min} 为评价因子最小值。

逆向因子归一化：

$$x_{ij} = \frac{x_{max} - x_i}{x_{max} - x_{min}} \tag{3-15}$$

3.4.3 洪涝灾害危险性评估指标体系

本书对洪涝灾害的致灾因子和孕灾环境进行综合分析，形成相应的评估指标体系，并通过层次分析法对致灾因子和孕灾环境的权重进行评估，形成定量的指标贡献，具体指标体系如表 3-5 所示。

表 3-5 洪涝灾害危险性评估指标体系

目标层	权重	准则层	权重	评价层	权重
洪涝灾害危险性	1.0	致灾因子危险性	0.589 3	降水量（正向指标）	0.175 9
				土壤湿度（正向指标）	0.344 9
		孕灾环境敏感性	0.410 7	地形高程（逆向指标）	0.094 9
				高程标准差（逆向指标）	0.068 4
				河网密度（正向指标）	0.248 7
				土地覆盖类型（逆向指标）	0.067 1

3.4.4 南亚洪涝灾害危险性评估

洪涝灾害危险性指数综合考虑致灾因子危险性和孕灾环境敏感性，其数值和空间分布决定了洪涝灾害危险的大小。根据构建的洪涝灾害危险性评估的指标体系，评估 2018 年 8 月南亚一次强降雨的洪涝灾害危险性，并根据评估的危险性等级，评估不同风险区的影响经济量和人口数等社会经济数据。

2018 年 8 月 15 日至 8 月 18 日强降雨在南亚的洪涝灾害危险性评估结果：洪涝灾害危险性在印度和孟加拉国风险较大，随着强降雨的变化，其灾害危险性的区域范围不断变化，并向内陆沿海区域扩展，随着降雨的减弱，到 8 月 18 日，洪涝灾害危险性范围不断减小。该结果动态定量地显示了洪涝灾害危险性的高风险区、中风险区、低风险区的动量变化：8 月 15 日高风险区占洪涝灾害危险区的 27.8%；8 月 16 日高风险区占洪涝灾害危险区的 18.7%；8 月 17 日高风险区占洪涝灾害危险区的 13.6%；8 月 18 日高风险区占洪涝灾害危险区的 15.3%。该结果说明强降雨在 8 月 15 日对南亚的影响最大，造成的气象灾害的范围最广。

2018 年 8 月 15 日至 8 月 18 日南亚强降雨的洪涝灾害危险性评估影响的经济量结果

如图 3-10 所示，强降雨的洪涝灾害风险区范围的不断变化，其影响经济量也不断变化，中高风险区的经济量也不断变化，8 月 15 日，洪涝灾害影响的经济量达到最大值。该结果动态定量地显示了强降雨引发的洪涝灾害不同风险区影响经济量的动量变化：8 月 15 日中高风险（包括中风险、次高风险、高风险）区的经济总量为 642 607.0 百万美元；8 月 16 日中高风险区的经济总量为 630 029.3 百万美元；8 月 17 日中高风险区的经济总量为 601 932.6 百万美元；8 月 18 日中高风险区的经济总量为 596 111.5 百万美元。

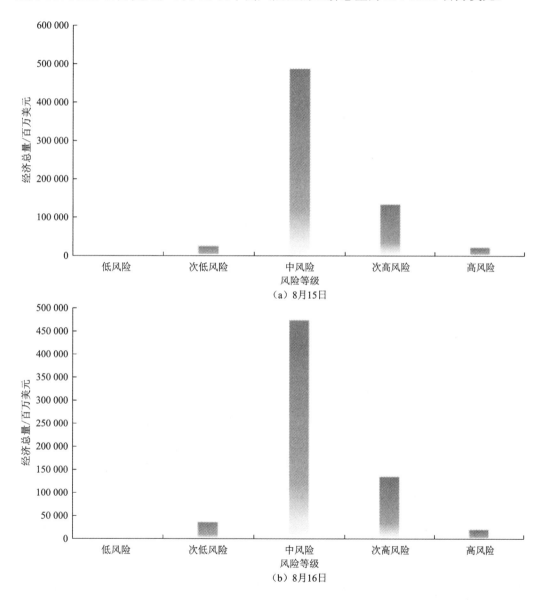

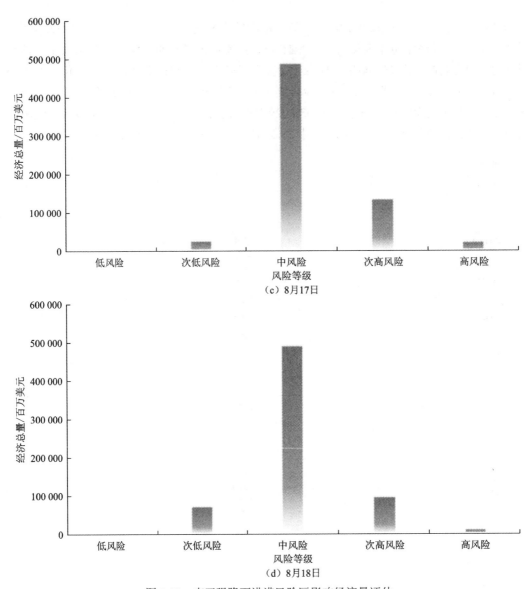

（c）8月17日

（d）8月18日

图 3-10　南亚强降雨洪涝风险区影响经济量评估

2018 年 8 月 15 日至 8 月 18 日南亚强降雨的洪涝灾害危险性评估影响的人口结果如图 3-11 所示，强降雨的洪涝灾害风险区范围不断变化，其影响人口量也不断变化，中高风险区的人口量也不断变化，8 月 15 日，洪涝灾害影响的人口量达到最大值。该结果动态定量地显示了强降雨引发的洪涝灾害不同风险区影响人口量的动量变化：8 月 15 日中高风险区的人口总量为 461 360 人；8 月 16 日中高风险区的人口总量为 417 954 人；8 月 17 日中高风险区的人口总量为 236 336 人；8 月 18 日中高风险区的人口总量为 270 471 人。

基于卫星的洪涝灾害监测方法通常利用极轨气象卫星数据，由于 2018 年 8 月 18 日前后几天数据都为获取到的灾区上空晴空数据；而覆盖率问题存在于雷达卫星观测中，2018 年 8 月 18 日前后雷达卫星不能完全覆盖灾区上空，这两种数据均难以满足洪涝灾害突发性强、时效性要求高的监测服务需求。2005 年以后，风云二号（FY-2）静止卫星

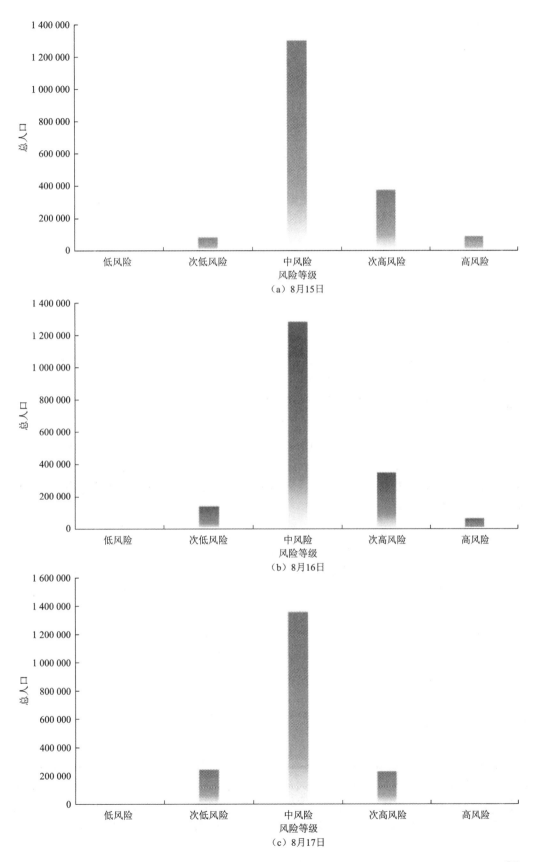

（a）8月15日

（b）8月16日

（c）8月17日

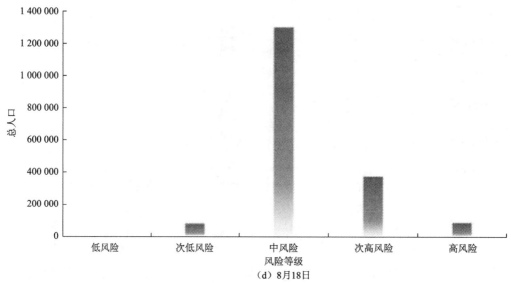

图 3-11 南亚强降雨洪涝风险区影响人口量评估

发射以后，很好地弥补了重访问题，但其又因受到空间分辨率的限制使得地表监测准确性较低。到 2016 年，我国第二代静止气象卫星首颗星 FY-4 发射成功，并于 2017 年正式业务运行，其卫星影像的空间分辨率达 0.5 km，时间分辨率达 15 min/次，可以捕捉到一天中的大部分时刻，满足了对大范围洪涝灾害的监测。

利用 FY-4A 数据进行灾区洪涝水体的监测，基于 FY-4A 卫星数据生成 2018 年 8 月 18 日灾害监测的逐日监测图像，生成方法是选取灾害关注区域，并在当日 24 小时内各相邻时次多景影像的关注区内进行云剔除，云剔除是依据连续时次对云移动的判识，采用该方法首先合成一张无云（少云）的遥感影像，再对该地区洪涝水体信息进行及时监测分析。合成影像图见图 3-3。

利用 FY-4A 卫星合成数据提取的水体信息与 2015 年 ESA CCI 土地覆盖数据的 300 m 的水体信息对比制作出洪涝监测专题图。洪涝严重区域主要分布在研究区的中部及贾木纳河和恒河交汇处，研究区洪涝后水体总面积约为 13 464 km²。其中研究区中部最为严重，该地区洪涝水体明显增多，且范围较广；研究区内的布拉马普特拉河周围受不同程度的洪涝影响。与基于本节研究创建的洪涝危险性评估模型评估的该区域的洪涝灾害危险性分级图对比显示，较高及高风险区分布在孟加拉国东侧，与洪水灾情一致，布拉马普特拉河周边发生的不同程度洪涝灾害也与风险区基本吻合，说明该方法具有一定的业务应用价值。

3.4.5 长江及淮河流域洪涝灾害危险性评估

2020 年 7 月全国共出现 6 次大范围强降雨过程，平均降水量达 157.5 mm，较常年同期偏多 8.8%。强降雨具有累积雨量大、持续时间长、极端性强和落区重叠等特点，主要集中在长江中下游和淮河流域，长江流域较常年同期偏多 57.2%，为 1961 年以来历史同期最多，淮河流域较常年同期偏多 31.6%。安徽、江西、湖北、湖南等地有 46 个国家级观测站突破 7 月日降雨量极值，其中有 20 个测站突破历史极值。以 2020 年 7~8 月长江及淮河流域为研究区，将本节提出的洪涝灾害危险性评估模型应用于 2020 年 7~8 月的长江流域及淮河流域的洪涝预警。

2020 年夏季长江流域出现全流域性洪水，长江干流先后发生 5 次编号洪水，三峡水库发生建库以来最大入库洪峰。夏季长江日均累积降雨量达 723 mm，居 1961 年以来首位，雨区重叠、极端性强、洪涝灾害严重。

6 月以来，全国平均降雨量较常年同期偏多 11%。南方地区降雨集中，长江流域降雨量较常年同期偏多 33%，其中中下游偏多 59%；淮河流域 7 月中下旬连续出现 5 次强降雨过程，累积降雨量较常年同期偏多 71%；太湖流域梅雨期比多年平均多 18 天，梅雨量较常年偏多 1.4 倍。雨区重叠度高，6 月以来，安徽、上海、湖北、重庆降雨量为历史同期最多，江苏、浙江、河南为历史同期第二多。

6 月以来，长江中下游地区降雨异常偏多，平均降水量 403 mm，较常年同期偏多 49%，为 1961 年以来同期第一位。截至 6 月 30 日，从 6 月 1 日开始共 5 轮强降雨过程，近 150 万 km² 国土累积降雨量超过 200 mm，其中 70 万 km² 国土累积降雨量超过 300 mm，其中 5 万 km² 国土累积降雨量超过 500 mm。多地的一天降水量破历史纪录。湖北省宜昌市夷陵区（164.7 mm，6 月 27 日）日降水量破夏季极值，另有 8 个市县的日降水量破当地历史纪录，分别为广西壮族自治区阳朔县（327.7 mm，6 月 7 日）、武鸣区（257.4 mm，6 月 25 日）和富川瑶族自治县（237.0 mm，6 月 7 日），贵州省惠水县（215.4 mm，6 月 24 日），重庆市南川区（149.3 mm，6 月 22 日），四川省西昌市（144.3 mm，6 月 18 日），甘肃省静宁县（112.5 mm，6 月 26 日），西藏自治区墨竹工卡县（48.7 mm，6 月 23 日）。6 月 1 日至 7 月 7 日，长江中下游地区出现了 6 次强降雨，长江流域平均降水量达 346.9 mm，为 1961 年以来同期第二位，超过 1998 年中国水灾同期数据。

根据构建的模型，从土壤湿度、降雨量、河网密度、地形高程、高程标准差和土地覆盖类型 6 个方面综合评估长江及淮河流域的洪涝危险性。利用层次分析法模型计算得到长江及淮河流域每日的洪涝危险性。长江及淮河流域的危险性分布从 2020 年 7 月~8 月初为由南往北分布，到 2020 年 8 月中旬转至长江中上游地区。高风险区主要分布于干流及支流附近，中低风险区主要分布于高风险区的外围。鄱阳湖、洞庭湖、巢湖、太湖、淮河支流危险性等级均较高。

2020 年 6 月 29 日以来江西中北部出现持续强降雨，截至 2020 年 7 月 14 日 8 时，江西北部平均降雨量 399.3 mm，较常年同期偏多 3 倍，居历史同期第 1 位，降雨主要出现在 6 月 29 日至 7 月 11 日。其间，南昌、鹰潭、上饶、宜春和九江五市平均降雨量分别达 509 mm、488.8 mm、417.1 mm、382 mm、368.7 mm，均创历史同期新高；7 月 6 日 8 时至 11 日 8 时江西省有 22 个县市降雨量突破同期历史极值。中国气象局组织国家卫星气象中心和江西省气象局利用 2010 年以来卫星遥感监测结果，并结合近 60 年气象观测数据，对江西省鄱阳湖主体及附近水域变化状况进行了科学监测评估，结果显示：受持续强降雨和上游来水共同影响，鄱阳湖主体及附近水域面积迅速增大。截至 7 月 14 日 6 时，鄱阳湖主体及附近水域面积较 7 月 8 日扩大 197 km²，达 4 403 km²，较历史同期平均值（3 510 km²）高 25%，为 10 年来最大，五大支流入湖口湿地，鄱阳县昌江和潼津河、千秋河区圩堤决口导致耕地和村庄大面积被淹。从遥感监测图可见，2020 年 7 月上中旬鄱阳湖及周边水体面积均处于较高位置，这与2020年7月3日、7月8日、7月15日长江淮河流域洪涝危险性评估图中鄱阳湖一直处于高风险区基本吻合（图3-12）。

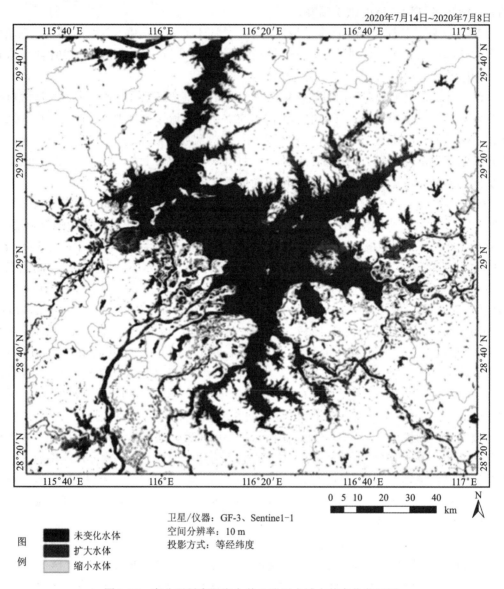

2020年7月14日~2020年7月8日

卫星/仪器：GF-3、Sentine1-1
空间分辨率：10 m
投影方式：等经纬度

图例
■ 未变化水体
■ 扩大水体
□ 缩小水体

图3-12 高分卫星鄱阳湖主体及附近水域水体变化监测图

3.5 洪涝灾害风险评估模型及应用

3.5.1 洪涝灾害风险评估技术路线

本节从洪灾的致灾因子、孕灾环境和承灾体三方面出发选取洪涝灾害风险评估指标，综合考虑年平均降水量、年平均暴雨次数、人口密度、土地利用类型、GDP、河网密度、DEM 高程和坡度等影响因素，依据最小相对信息熵原理，分别基于 AHP-熵权法计算致灾因子的危险性、孕灾环境的敏感性和承灾体的脆弱性进行洪涝灾害风险评估，技术路线如图 3-13 所示。

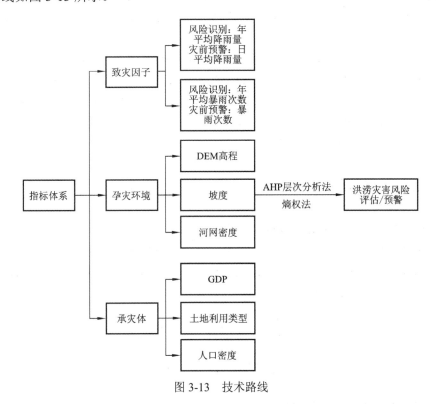

图 3-13　技术路线

洪涝灾害风险评估主要过程如下：①根据以上影响因子建立包含危险性、敏感性和易损性的洪涝灾害风险评估指标体系；②使用 AHP-熵权法确定每个评估指标的权重；③对各个指标进行标准化处理；④基于 GIS 平台，可视化洪涝灾害危险性、敏感性和易损性的空间分布；⑤可视化各区域洪涝灾害风险的分布。洪涝灾害灾前预警基于洪涝灾害风险评估方法，使用原有的灾害指标系数，将致灾因子替换为预报降水因子实现灾前预警。

3.5.2　数据来源

本节采用的降水数据是气象站点日降水数据，来源于国家气象信息中心（https://data.cma.cn/）。年平均降水量和年平均暴雨次数是根据日降水数据计算得到。

地形数据来源于美国国家航空航天局提供的 SRTM DEM UTM 的 DEM 产品，空间分辨率为 90 m，坡度数据是根据 DEM 基于 ArcGIS 制作得到的。

河网数据来源于资源环境科学数据平台（https://www.resdc.cn/）的中国流域、河网数据集，该数据集是基于数字高程模型，借助 GIS 中栅格系统的空间分析功能提取的，包括全国所有河网和面积大于 100 km² 的所有子流域。

土地利用数据来源于资源环境科学数据平台（https://www.resdc.cn/），土地利用类型空间分布数据基于 Landsat 8 遥感影像，通过人工目视解译生成。

人口密度数据和经济数据分别来源于资源环境科学数据平台（https://www.resdc.cn/）的中国人口空间分布公里网格数据集和中国 GDP 空间分布公里网格数据集。为保证数据的一致性，本节基于 ArcGIS 对所有指标数据进行校正后重采样为 1 km×1 km 分辨率的栅格数据。

哨兵数据来源于欧洲空间局的哨兵科学数据中心（SSDH）（https://scihub.copernicus.eu），可免费下载。本节获取的是 IW 模式的双极化（VV+VH）SAR Level-1 GRD 的哨兵产品，分辨率为 5 m×20 m。为评估鄱阳湖洪涝灾情，共下载了 4 幅影像数据。本节选取 2020 年 5 月 21 日洪水发生前的 1 张 SAR 影像作为基础水体，选择 6 月 2 日、6 月 20 日和 7 月 14 日的 SAR 影像作为洪水后影像。

3.5.3　洪涝灾害风险评估模型

首先用层次分析法（AHP）获取 AH 主观权重 ω_{sj}，利用熵权法获取客观权重 ω_{oj}。为综合利用评价指标的主观权重和客观权重，对所有指标来说，两种权重之间的离差越小越好。因此依据最小相对信息熵原理，要使组合权重 ω_{sj} 与主观权重 $\omega_{sj}\omega_{oj}$ 和客观权重 ω_{oj} 都尽可能地接近，构造如下目标函数：

$$\min F = \sum_{j=1}^{m} \omega_j \ln\left(\frac{\omega_j}{\omega_{sj}}\right) + \sum_{j=1}^{m} \omega_j \ln\left(\frac{\omega_j}{\omega_{oj}}\right) \tag{3-16}$$

$$\text{s.t.} \sum_{j=1}^{m} \omega_j = 1, \quad \omega_j > 0 \tag{3-17}$$

根据拉格朗日函数法求解可得组合权重 ω_j：

$$\omega_j = \frac{(\omega_{sj}\omega_{oj})^{0.5}}{\sum_{j=1}^{m}(\omega_{sj}\omega_{oj})^{0.5}} \quad (j=1,2,\cdots,m) \tag{3-18}$$

此时，危险性指数（H）、敏感性指数（S）和脆弱性指数（V）可根据组合权重获得。

危险性指数：
$$H = \sum_{i=1}^{n} h_i \times w_i \tag{3-19}$$

敏感性指数：
$$S = \sum_{i=1}^{n} s_i \times w_i \tag{3-20}$$

脆弱性指数：
$$V = \sum_{i=1}^{n} v_i \times w_i \tag{3-21}$$

式中：h_i 为危险性指标年平均降水量和年平均暴雨次数；s_i 为敏感性指标 DEM、坡度和河网密度；v_i 为脆弱性指标 GDP、人口密度和土地利用类型；w_i 为对应的第 i 个指标的组合权重。

最后，洪涝灾害风险评估模型综合考虑致灾因子的危险性（H）、孕灾环境的敏感性（S）和承灾体的脆弱性（V），用于洪涝灾害风险（FR）评估，风险评估模型如下：

$$FR = H \times S \times V \tag{3-22}$$

3.5.4 洪涝灾害风险评估应用

基于提出的 AHP-熵权法洪涝灾害风险评估模型，对中国洪涝灾害影响指标进行综合权重评估，形成了定量的指标贡献（具体指标体系见表 3-6），得到中国洪涝灾害的致灾因子危险性指数、孕灾环境敏感性指数和承灾体脆弱性指数并进行洪涝灾害风险评估。

表 3-6 中国洪涝灾害风险评估指标体系

目标层	权重	准则层	权重	评价层	权重
洪涝灾害危险性	1.0	致灾因子危险性	0.4	年平均降水量	0.507 2
				年平均暴雨次数	0.492 8
		孕灾环境敏感性	0.4	DEM	0.018 3
				坡度	0.022 2
				河网密度	0.959 5
		承灾体脆弱性	0.2	人口密度	0.200 8
				GDP	0.193 4
				土地利用类型	0.605 8

根据中国洪涝灾害不同风险等级面积占比表（表 3-7）和中国的洪涝灾害风险分布图可知，我国高风险区占总面积的 5.28%，较高风险以上的区域占总面积的 17.55%，主要集中在江西省、湖北省、安徽省、广东省、广西壮族自治区、山东省、河南省、江苏省、四川省东部、贵州省、海南省和上海市等地区。以上地区降水丰沛，植被覆盖率较低，河网密度大，地形平坦，土地利用以农田为主，容易受到洪水影响。中等风险区、较低风险区和低风险区分别占总面积的 21.3%、36.19% 和 24.96%。低风险区主要分布在我国的西南部，如西藏自治区、青海省和四川省西部等降水少及人口分布稀疏的地区。

表 3-7 中国洪涝灾害不同风险等级面积占比　　　　　　　　　　（单位：%）

项目	低风险区	较低风险区	中等风险区	较高风险区	高风险区
面积占比	24.96	36.19	21.30	12.27	5.28

1. 鄱阳湖流域洪涝风险评估

基于提出的 AHP-熵权法洪涝灾害风险评估模型，得到鄱阳湖流域长短期的洪涝风险等级分布结果（图 3-14），并基于 GIS 制图得到鄱阳湖流域长期洪涝风险评估图 [图 3-14（a）] 和短期洪涝风险评估图 [图 3-14（b）]。长期洪涝风险评估图反映的是区域基本状况；而短期洪涝风险评估图反映的是特定的气象条件成灾状况，然后用实际的灾害去验证。以 Jenks 自然断点法为分类方法，将洪涝风险的空间分布划分为 4 个等级（低风险区、中等风险区、较高风险区和高风险区）。

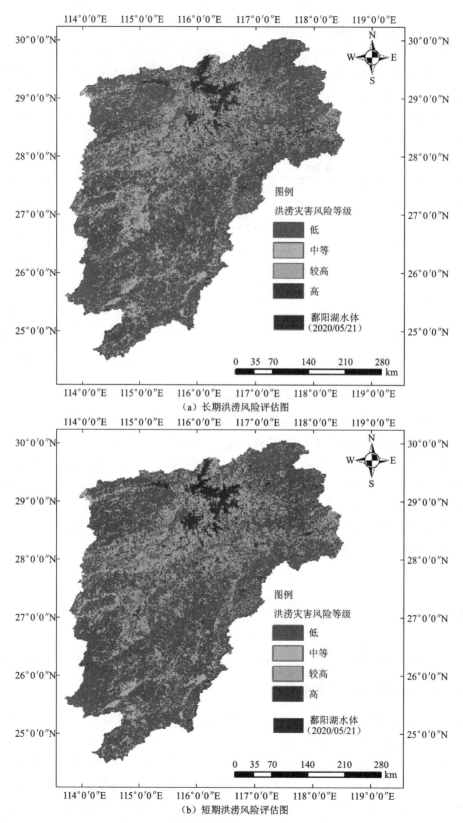

（a）长期洪涝风险评估图

（b）短期洪涝风险评估图

图 3-14 鄱阳湖流域洪涝灾害风险等级分布

根据以上分类，鄱阳湖流域约有20%的区域属于较高风险等级以上的地区。具体而言，约5 623 km²（3.59%）属于高风险区，25 056 km²（16.01%）被认定为较高风险区。中风险区总面积为21 481 km²，占13.72%；低风险区总面积为104 386 km²，占66.68%。尽管高风险洪涝区域覆盖的面积最小，但由于人口密度高、GDP高，洪水造成的破坏比洪水风险等级低的地区更为严重。

从洪涝风险评估图可以看出，鄱阳湖流域东北部比西南部更易发生洪涝灾害，这是因为鄱阳湖流域东北部地势低平，降水集中。从鄱阳湖向周边地区洪水风险等级逐渐降低，洪涝高风险区的耕地比较集中。此外，在洪涝风险较高及以上的地区和人口密度较大的地区在空间上具有一致性。另外，洪涝低风险区主要集中在多山、植被茂密、人口稀少、经济水平较低的西南部。

为了获取洪水范围，首先基于欧洲空间局的Sentinel应用平台SNAP（V4.0）对原始SAR图像进行预处理；然后基于ArcGIS（V10.2.2）确定洪泛区，计算鄱阳湖洪泛区范围。具体流程是以5月21日的水体为基础水体，其他时间的水体为洪水发生过程中的水体，将基础水体与洪水发生过程中的水体进行叠加分析，超出基础水体范围的水体即被确定为洪水区域，最后基于ArcGIS中的统计分析工具计算洪水面积。

图3-15显示了使用Sentinel1数据提取的洪水前和洪水后的鄱阳湖水体范围，可以看出水体范围自6月以来一直在扩大。5月21日洪水前水体面积为2 340.83 km²，6月2日增至2 456.05 km²，增加了115.22 km²。6月20日，水体面积增加到3 178.99 km²，连

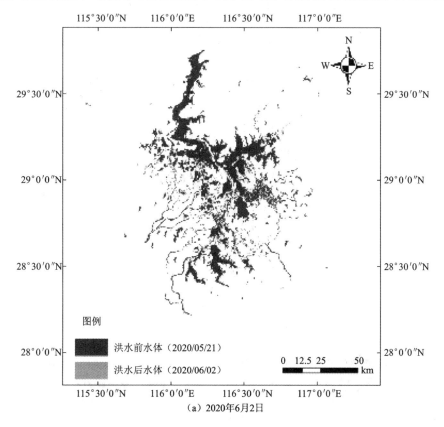

（a）2020年6月2日

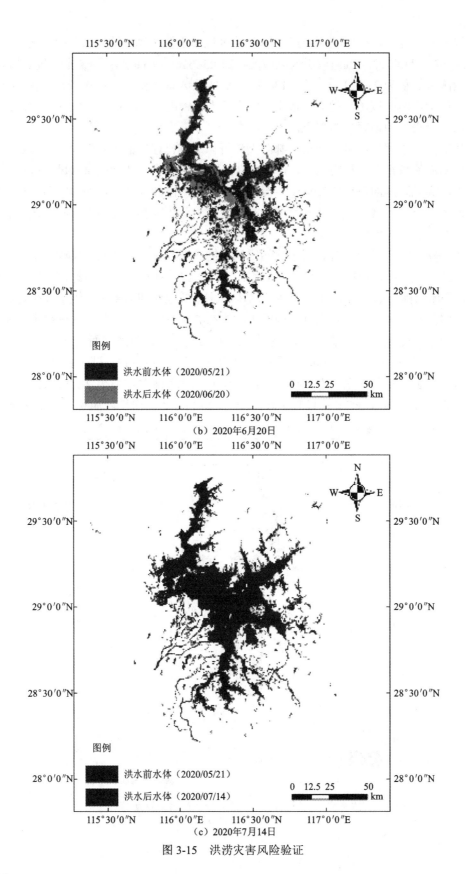

（b）2020年6月20日

（c）2020年7月14日

图 3-15 洪涝灾害风险验证

续增加了 838.16 km²。7 月 14 日，鄱阳湖水域面积翻番至 4 684.93 km²，显著增加了 2 344.1 km²。在 2020 年 6 月 2 日的洪水事件中，短期洪涝风险模型评估图中较高风险区面积占比为 52.65%，高风险区面积占比为 42.92%。在 2020 年 6 月 20 日的洪水事件中，77.66% 的高风险区和 14.99% 的较高风险区被准确预测。在 2020 年 7 月 14 日的洪水事件中，洪涝风险模型评估的高风险区和较高风险区面积共占预测面积的 91.39%，其中较高风险面积占 51.19%。总体上，该模型对洪涝高风险和较高风险等级洪水的评价准确率均在 90% 以上，表明本节提出的洪涝风险评估模型是可靠的，可以将该模型应用到"一带一路"国内外典型地区与国家开展示范应用。

2. 印度河流域洪涝风险评估

印度河（Indus）是巴基斯坦主要河流，也是巴基斯坦重要的农业灌溉水源。发源于青藏高原，流经喜马拉雅山与喀喇昆仑山两山脉之间，流向西南而贯穿喜马拉雅山，右岸交汇喀布尔河，左岸汇流旁遮普地方之诸支流，经巴基斯坦而入阿拉伯海。印度河流域地貌复杂，属于亚热带气候，具有明显的季风气候特点，全流域降水量集中且季节变化大。

基于提出的 AHP-熵权法洪涝灾害风险评估模型，对印度河流域洪涝灾害影响指标进行综合权重评估，形成了定量的指标贡献（具体指标体系见表 3-8），得到印度河流域洪涝灾害的致灾因子危险性指数、孕灾环境敏感性指数和承灾体脆弱性指数并进行洪涝风险评估。

表 3-8　印度河流域洪涝灾害风险评估指标体系

目标层	权重	准则层	权重	评价层	权重
洪涝灾害危险性	1.0	致灾因子危险性	0.4	年平均降水量	0.439 2
				年平均暴雨次数	0.560 8
		孕灾环境敏感性	0.4	DEM	0.016 8
				坡度	0.006 0
				河网密度	0.977 2
		承灾体脆弱性	0.2	人口密度	0.382 3
				GDP	0.246 8
				土地利用类型	0.370 9

根据印度河流域不同风险等级面积占比表（表 3-9）和印度河流域的洪涝灾害风险等级分布图（图 3-16）可知，印度河流域高风险区占总面积的 9.86%，较高风险以上的区域占总面积的 32.93%，易受洪涝灾害影响的区域主要集中在降水量多、人口密度大及经济水平较高的流域中部及南部。中等风险区、较低风险区和低风险区分别占总面积的 30.48%、14.64% 和 21.94%。低风险区主要分布在降水少的流域北部地区。

表 3-9 印度河流域不同风险等级面积占比 （单位：%）

项目	低风险区	较低风险区	中等风险区	较高风险区	高风险区
面积占比	21.94	14.64	30.48	23.07	9.86

注：由于四舍五入，数据合计可能不等于100%

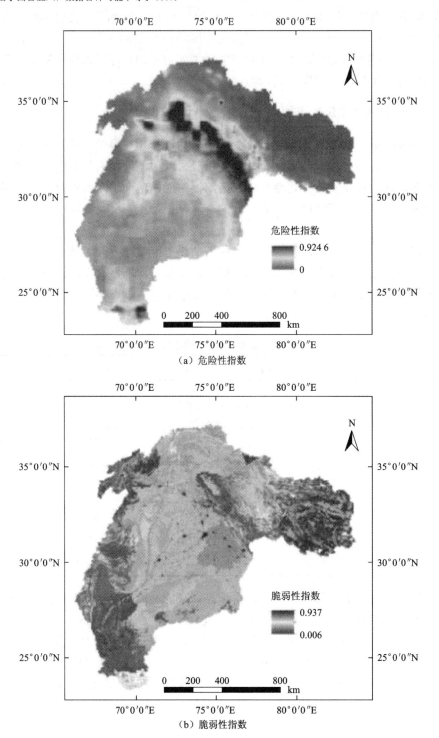

（a）危险性指数

（b）脆弱性指数

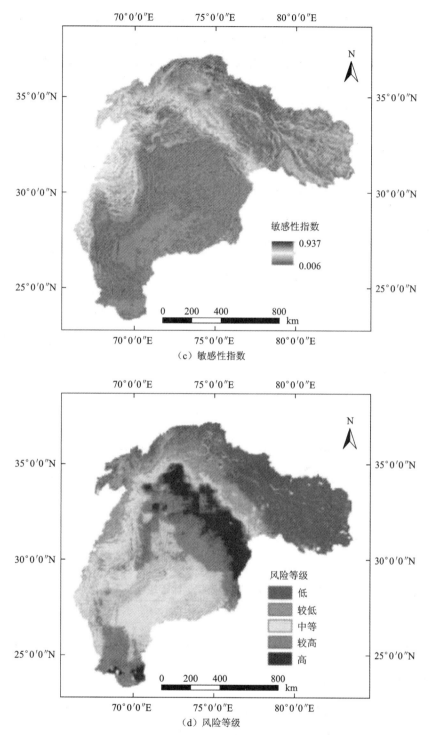

图 3-16　印度河流域洪涝灾害风险等级分布

3. 墨累河流域洪涝风险评估

墨累河（Murray River），是澳大利亚流量最大的一条河流，源于澳大利亚最高的山脉澳大利亚阿尔卑斯山脉（大分水岭的一部分），往西北方流，构成维多利亚州与新南威尔士州的边界，最后往南移动，进入南澳大利亚州，经由亚历山德里娜湖，于阿德莱德附近的古尔瓦入印度洋。主要支流有达令河、默伦比奇河等。河流流量不大，季节涨落变化较大。从长度与流域面积来看，墨累河是澳大利亚大陆最重要的河流，与达令河形成墨累—达令盆地。墨累河流域降水量变化较大，整个流域是澳大利亚最重要的灌溉区域之一，也是粮食的主要供应区。

基于提出的 AHP-熵权法洪涝灾害风险评估模型，对墨累河流域洪涝灾害影响指标进行综合权重评估，形成了定量的指标贡献（具体指标体系见表 3-10），得到洪涝灾害的致灾因子危险性指数、孕灾环境敏感性指数和承灾体脆弱性指数并进行洪涝风险评估。

表 3-10　墨累河流域洪涝灾害风险评估指标体系

目标层	权重	准则层	权重	评价层	权重
洪涝灾害危险性	1.0	致灾因子危险性	0.4	年平均降水量	0.452 8
				年平均暴雨次数	0.547 2
		孕灾环境敏感性	0.4	DEM	0.001 5
				坡度	0.338 6
				河网密度	0.659 9
		承灾体脆弱性	0.2	人口密度	0.445 5
				GDP	0.333 9
				土地利用类型	0.220 6

根据墨累河流域不同风险等级面积占比表（表 3-11）和墨累河流域洪涝灾害风险等级分布图（图 3-17）可知，墨累河流域高风险区占总面积的 6.31%，较高风险以上的区域占总面积的 23.18%，主要集中在降水量大及地形平坦的流域东北部。中等风险区、较低风险区和低风险区分别占总面积的 30.07%、27.39% 和 19.36%。低风险区主要分布在降水少的流域西南部。

表 3-11　墨累河流域不同风险等级面积占比　　　　　　　　　　（单位：%）

项目	低风险区	较低风险区	中等风险区	较高风险区	高风险区
面积占比	19.36	27.39	30.07	16.87	6.31

4. 曼哈迪河流域洪涝风险评估

曼哈迪河（Mahanadi River），是位于印度德干半岛东北部的河流，源于锡瓦山脉，东注孟加拉湾。由源头东北流，接纳西来的最长支流塞奥纳特河后，转折东行，流入希拉库德水库，是为上游。以后流入平原地区，有昂格、特勒等支流，灌溉农业发达。特勒平原以下，穿过东高止山地，进入下游的海岸平原，克塔克以下为水道纷歧的河口三角洲，是水稻与黄麻的重要产地。全流域降水量集中且变率大，严重影响河流水量和农作物生长。

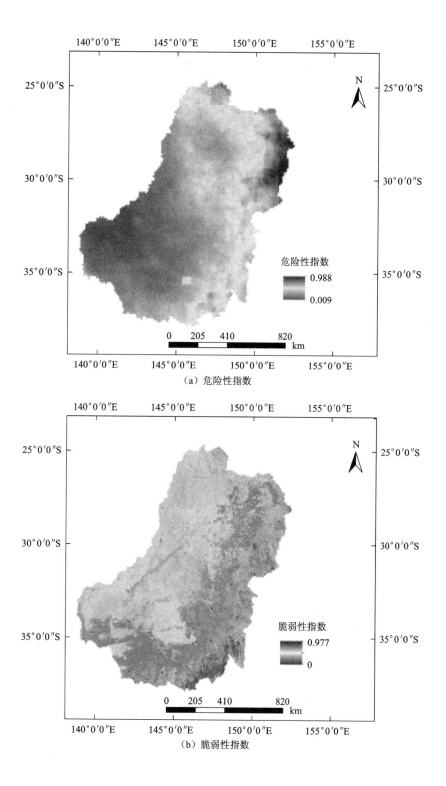

（a）危险性指数

（b）脆弱性指数

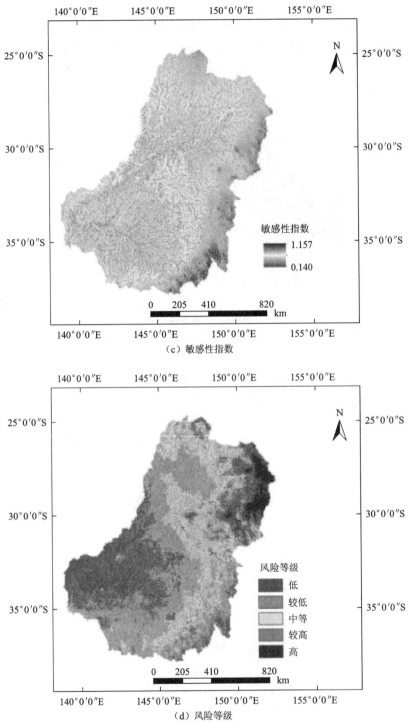

图 3-17 墨累河流域洪涝灾害风险等级分布

基于提出的 AHP-熵权法洪涝灾害风险评估模型,对曼哈迪河流域洪涝灾害影响指标进行综合权重评估,形成了定量的指标贡献(具体指标体系见表 3-12),得到洪涝灾害的致灾因子危险性指数、孕灾环境敏感性指数和承灾体脆弱性指数并进行洪涝风险评估。

表 3-12　曼哈迪河流域洪涝灾害风险评估指标体系

目标层	权重	准则层	权重	评价层	权重
洪涝灾害危险性	1.0	致灾因子危险性	0.4	年平均降水量	0.498 1
				年平均暴雨次数	0.501 9
		孕灾环境敏感性	0.4	DEM	0.010 8
				坡度	0.001 8
				河网密度	0.987 4
		承灾体脆弱性	0.2	人口密度	0.327 1
				GDP	0.306 3
				土地利用类型	0.366 6

根据曼哈迪河流域不同风险等级面积占比表（表 3-13）和曼哈迪河流域的洪涝风险分布图（图 3-18）可知，曼哈迪河流域河网密布，高风险区占总面积的 4.11%，较高风险以上的区域占总面积的 29.34%，整个流域受洪涝影响较大。高风险区主要分布在流域东部，危险性指数和敏感性指数都较高。洪涝风险等级较高的区域主要集中在降水量多及人口密度大的地区。中等风险区、较低风险区和低风险区分别占总面积的 34.64%、26.75% 和 9.27%。低风险区主要分布在降水少、危险性指数和敏感性指数都较低的地区。

表 3-13　曼哈迪河流域不同风险等级面积占比　　　　　　（单位：%）

项目	低风险区	较低风险区	中等风险区	较高风险区	高风险区
面积占比	9.27	26.75	34.64	25.23	4.11

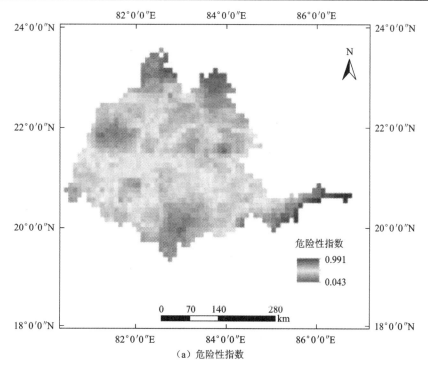

（a）危险性指数

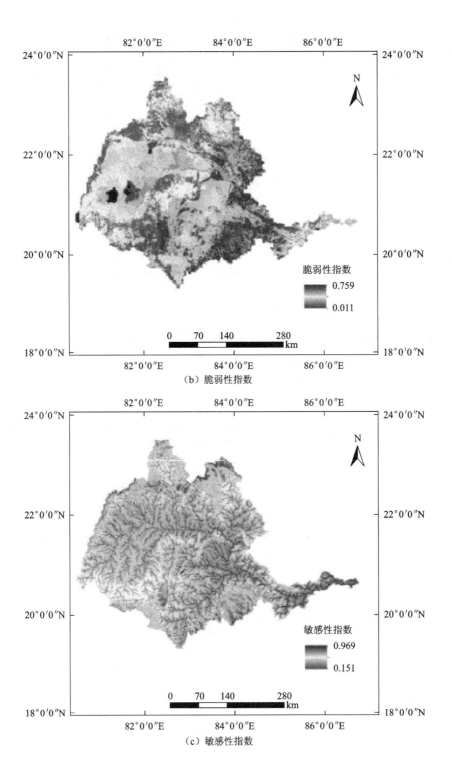

（b）脆弱性指数

（c）敏感性指数

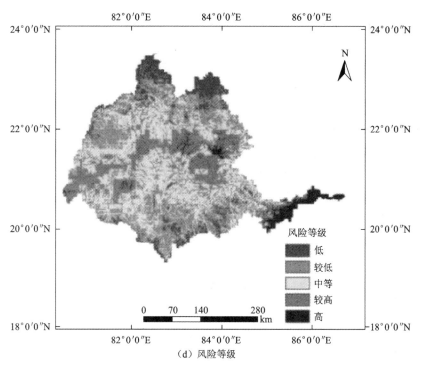

图 3-18　曼哈迪河流域洪涝灾害风险等级分布

5. 肯尼亚洪涝风险评估

肯尼亚位于非洲东部，赤道横贯其中部，东非大裂谷纵贯南北。东邻索马里，南接坦桑尼亚，西连乌干达，北与埃塞俄比亚、南苏丹交界，东南濒临印度洋，海岸线长536 km。境内多高原，平均海拔为 1 500 m。肯尼亚全境位于热带季风区，大部分地区属于热带草原气候，年平均降水量自西南向东北由 1 500 mm 递减至 200 mm。农业是国民经济的支柱，全国约 80%的人口从事农牧业。可耕地主要集中在西南部，小麦和水稻严重依赖进口。

基于提出的 AHP-熵权法洪涝灾害风险评估模型，对肯尼亚洪涝灾害影响指标进行综合权重评估，形成了定量的指标贡献（具体指标体系见表 3-14），得到洪涝灾害的致灾因子危险性指数、孕灾环境敏感性指数和承灾体脆弱性指数并进行洪涝风险评估。

表 3-14　肯尼亚洪涝灾害风险评估指标体系

目标层	权重	准则层	权重	评价层	权重
洪涝灾害危险性	1.0	致灾因子危险性	0.4	年平均降水量	0.505 3
				年平均暴雨次数	0.494 7
		孕灾环境敏感性	0.4	DEM	0.012 3
				坡度	0.974 9
				河网密度	0.012 8

目标层	权重	准则层	权重	评价层	权重
洪涝灾害危险性	1.0	承灾体脆弱性	0.2	人口密度	0.081 7
				GDP	0.246 2
				土地利用类型	0.672 1

根据肯尼亚不同风险等级面积占比表(表 3-15)和肯尼亚的洪涝风险分布图(图 3-19)。肯尼亚高风险区占总面积的 3.4%,较高风险以上的区域占总面积的 14%,主要集中在肯尼亚西南部的尼安萨省,该地降水丰沛,危险性指数较高。首都内罗毕也是洪涝风险较高地区,该地人口密度较大,经济水平较高,受洪水影响也较为严重。中等风险区、较低风险区和低风险区分别占总面积的 29.91%、41.24% 和 14.86%。低风险区主要分布在降水少及人口分布稀疏的北部地区。

表 3-15　肯尼亚不同风险等级面积占比　　　　　　　(单位:%)

项目	低风险区	较低风险区	中等风险区	较高风险区	高风险区
面积占比	14.86	41.24	29.91	10.60	3.40

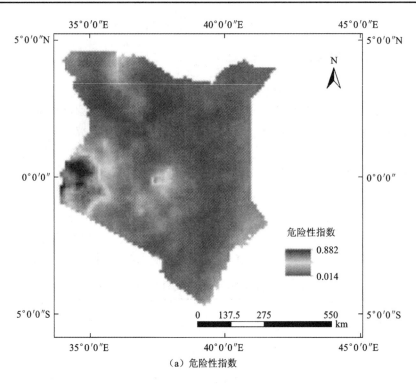

(a) 危险性指数

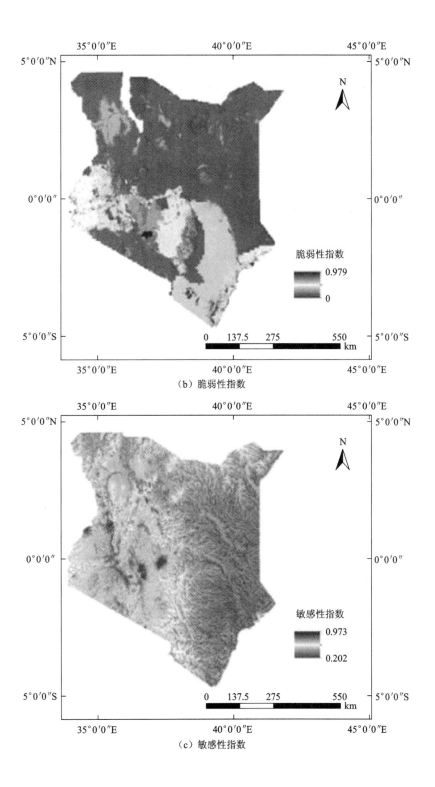

（b）脆弱性指数

（c）敏感性指数

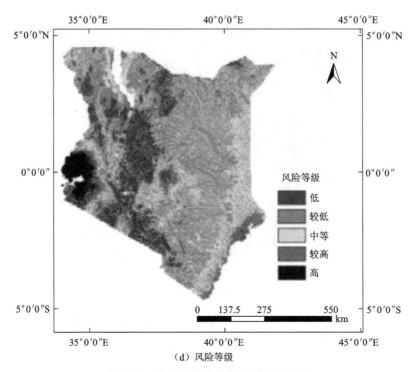

（d）风险等级

图 3-19　肯尼亚洪涝灾害风险等级分布

第4章　洪涝灾中监测与灾后评估

4.1　技　术　路　线

洪涝灾害损失评估模型基于 GIS 技术将淹没区社会经济特征和洪涝灾害损失行政单元进行地理叠加分析，构建损失评估的空间信息格网模型，再利用洪涝损失率从而计算洪水淹没范围内的直接和间接经济损失（技术路线图见图4-1）。

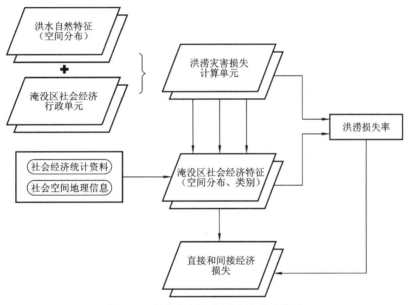

图 4-1　洪涝灾害损失评估技术路线图

4.2　评　估　模　型

4.2.1　洪涝灾害损失模型

在获取受淹范围和水深分布的基础上，若叠加淹没范围内承灾体信息，利用经济损失评估模型便可完成淹没范围内承灾体价值量的损失评估。一次洪灾总的经济损失由人员伤亡的损失、洪灾经济财产损失、生态环境损失和灾害救援损失共同构成。由于人员伤亡损失、生态环境损失和灾害救援损失不好定量化评估，本章主要对暴雨洪涝灾害造成的经济损失进行评估，它分为直接经济损失与间接经济损失两大类。

4.2.2　直接经济损失模型

直接经济损失是由淹没范围内各类财产的价值乘以其相应的损失率，再求和得到，其计算公式为

$$S_\mathrm{D} = \sum_{i=1}^{N}\sum_{j=1}^{M}\sum_{k=1}^{L}\beta_{ijk}(h,t)V_{ijk} = \sum_{j=1}^{M}S_{\mathrm{D}j} \qquad (4\text{-}1)$$

式中：S_D 为根据洪灾损失率计算的一次洪灾引起的直接经济损失值；$S_{\mathrm{D}j}$ 为第 j 类财产的直接经济损失值；β_{ijk} 为第 k 种淹没程度下第 i 个经济分区内第 j 类财产的损失率；V_{ijk} 为第 k 种淹没程度下第 i 个经济分区内第 j 类财产值；N 为淹没区人为划分的单元数；M 为第 i 个经济区内的财产种类数；L 为淹没程度等级数。

4.2.3　间接经济损失模型

间接经济损失是由直接经济损失波及带来的或派生的损失，不表现为实物形态的损失，揭示了未来社会生产的下降程度，是一种深层次的经济损失。

间接损失很难作直接的定量核算，一般定损方法是假定洪水在淹没区内不同土地利用状况下所造成的间接损失与直接损失成一定比例关系。其表达式为

$$S_\mathrm{I} = \sum_{j=1}^{M}a_j S_{\mathrm{D}j} \qquad (4\text{-}2)$$

式中：S_I 为洪水给淹没区造成的间接损失值；a_j 为第 j 类财产的关系系数；$S_{\mathrm{D}j}$ 为第 j 类财产的直接经济损失值。表 4-1 列出了不同国家的间接损失系数。

表 4-1　不同国家推荐采用的间接损失系数

国家	a 值
美国	住宅区 15%，商业 37%，工业 45%，公用事业、农业 10%，公路 25%，铁路 23%
澳大利亚	住宅区 15%，商业 37%，工业 45%
中国	农业 15%～28%，工业 16%～35%

4.3　国内重点示范区洪涝灾中监测与灾后评估

2020 年，中国主汛期南方地区遭遇 1998 年以来最严重汛情，自然灾害以洪涝、地质灾害为主。6 月 11 日，塔里木河流域迎来首次汛期。7 月 2 日，长江流域进入防汛抗洪关键期，洪水从 7 月 2 日持续到 7 月 12 日。7 月 20 日，黄河、长江流域发生第 2 号洪水。8 月 6 日，黄河中游发生第 3 号洪水。8 月 18 日，黄河中游发生第 5 号洪水。9 月 9 日，松花江中游干流佳木斯水文站水位上涨，15 日结束。9 月 22 日，松花江上游干流哈尔滨水文站水位涨至警戒水位。2020 年洪涝灾害造成全国经济损失严重，利用洪涝

经济损失模型对 2020 年全国洪涝典型区域进行损失评估，评估结果如表 4-2 所示。

表 4-2　2020 年 7 月全国典型区域洪涝灾害损失评估

区域	农作物受灾面积/km²	直接经济损失/亿元	间接经济损失/亿元
鄱阳湖流域	643.95	55.72	11.77
洞庭湖流域	605.74	184.42	62.16
淮河流域	560.26	90.79	19.71
松辽河流域	39.95	20.23	5.20
长江中下游	490.55	253.64	41.55
太湖流域	10.29	83.82	18.39
巢湖流域	285.51	52.84	11.53

4.3.1　鄱阳湖流域洪涝监测

鄱阳湖是洪涝灾害高风险发生区，该区域水系发达、地势平坦，周边县市经济水平较发达，暴雨洪涝灾害给该区域带来巨大损失，发生暴雨洪涝灾害的风险较高。选取典型区域鄱阳湖流域，采用 FY-3D 气象卫星数据，对鄱阳湖洪涝灾害进行监测评估分析，具体监测结果如图 4-2 所示。

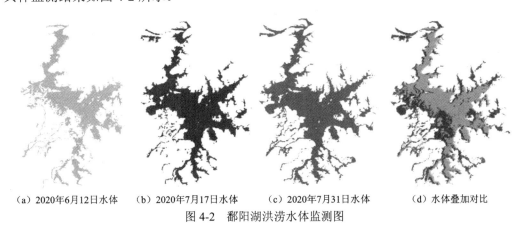

（a）2020年6月12日水体　（b）2020年7月17日水体　（c）2020年7月31日水体　（d）水体叠加对比

图 4-2　鄱阳湖洪涝水体监测图

基于 GIS 分析技术将模拟好的洪水淹没范围与 DEM 结果叠加，找出各个区内洪水的水面高程，水面高程减去 DEM 高程数据得到淹没区域内的淹没水深，如图 4-3 所示。

4.3.2　长江流域洪涝监测

2020 年 7 月 1 日强降雨导致长江上游防汛压力增大，洪水过程从 7 月 2 日持续到了 7 月 12 日。7 月 17 日至 7 月 22 日，洪水导致湖北监利以下河段全部处于超警戒状态。7

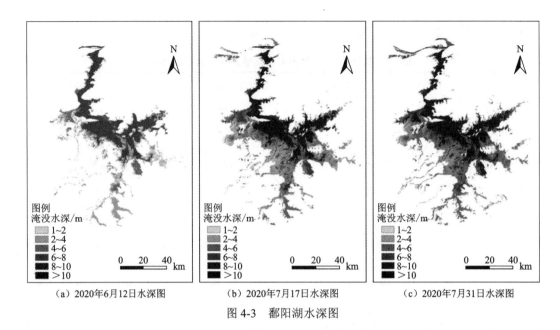

| （a）2020年6月12日水深图 | （b）2020年7月17日水深图 | （c）2020年7月31日水深图 |

图4-3 鄱阳湖水深图

月26日至7月29日，长江上游强降雨导致流量迅速上涨。8月14日洪水导致四川盆地多地发生漫灌，地势低洼处被淹没。

4.3.3 淮河流域洪涝监测

2020年7月淮河流域连续遭遇5轮强降雨袭击，平均降雨量（256.5 mm）较常年同期偏多33%。洪涝水体最大分布范围通过3月20日、6月11日、7月20日、8月18日的FY-3D影像合成。

4.3.4 松辽河流域洪涝监测

松辽河流域洪涝水体最大分布范围通过8月6日、8月18日、9月10日、9月24日的FY-3D影像合成。最大淹没面积由洪涝水体最大分布范围与背景水体叠加计算。

4.3.5 湖北省随州市洪涝监测评估

2021年8月12日凌晨3时开始，湖北省随州市发生强降雨，当地降雨量破8月极值，7个镇平均降水量超过100 mm。其中，8月12日凌晨4时至7时降雨量达到373 mm，累积降雨量达503 mm。降雨突发，总量大、来雨急，导致部分地区渍涝严重。

结合其他分蓄洪区损失率研究成果，根据随州市实际情况建立了淹没区域内不同类别的承灾体在不同水深下与洪灾损失率的关系。其洪涝水体监测图如图4-4所示。洪灾损失率与淹没水深关系如表4-3所示。

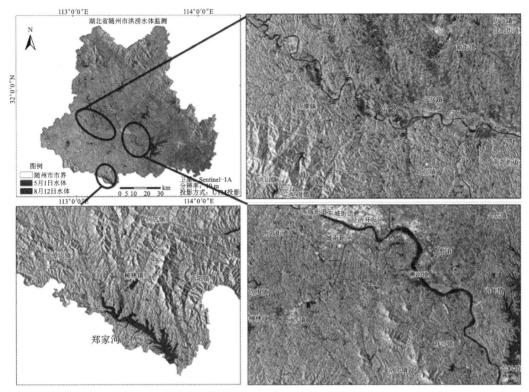

图 4-4　湖北省随州市洪涝水体监测图

表 4-3　随州市洪涝淹没影响区行业损失率　　　　　　　　　（单位：%）

行业/地类/设施	淹没水深/m				
	0～0.5	0～1	1～2	2～3	>3
农业	25	50	80	100	100
林业	2	5	10	30	40
牧业	10	20	30	40	50
渔业	10	20	30	60	100
工业	5	10	15	30	40
建设用地	3	5	7	10	20
住宅用地	5	15	40	60	80
水利设施	5	10	15	20	30

　　通过分析遥感提取的灾前与灾后水体，并与土地利用数据叠加，获得洪涝区域（随县、广水市、曾都区）各地类淹没面积（表 4-4），对灾情损失进行了初步统计。将农作物用地面积进行叠加运算，以耕地表示农业这一行业，那么模型推算出随州市 8 月 13 日农作物受灾面积约为 8 166.46 hm^2。

表 4-4　随州市各地类淹没面积　　　　　　　　　　　　　（单位：hm²）

地类	随县	广水市	曾都区	合计
耕地	3 709.83	3 083.51	1 373.12	8 166.46
林地	3 011.23	1 951.28	578.15	5 540.66
草地	403.50	216.31	5.01	624.82
湿地	182.71	53.87	50.21	286.79
水域	2 927.49	2 213.26	1 035.86	6 176.61
建筑业	482.69	24.08	51.19	557.96
裸地	0.00	96.33	0.00	96.33
房屋	38.58	2.31	23.07	63.96
工矿用地	192.12	120.44	46.38	358.94
道路用地	41.56	21.02	71.26	133.84
特殊用地	0.00	23.08	0.00	23.08
合计	10 989.71	7 805.49	3 234.25	22 029.45

间接经济损失由直接经济损失乘以一定的比例关系来确定，随州市采用中国间接损失系数的中间值作为分项资产的间接损失系数，即农业 20%、林业 19%、牧业 19%、渔业 19%、工业 24%，采用间接经济损失评估模型求算随州市此次暴雨洪涝灾害的间接经济损失状况。由表 4-5 可知，此次暴雨洪涝灾害造成随州市直接经济损失约为 3.69 亿元，间接经济损失约为 0.73 亿元。使用随州市人口空间分布公里网格数据集对受灾人口统计分析，评估此次暴雨随州市洪涝受灾人口 6.91 万人。

表 4-5　随州市经济损失评估　　　　　　　　　　　　　（单位：万元）

县区	直接经济损失	间接经济损失
随县	6 528.14	1 298.36
广水市	14 015.14	2 787.43
曾都区	16 452.33	3 272.16
总计	36 995.61	7 357.95

此次灾情造成了重大人员伤亡和财产损失，全市受灾人口 6 万余人，因灾倒塌房屋 221 间，不同程度损坏房屋 6 551 间，全市直接经济损失达 3.3 亿元（数据来源于《随州日报》）。通过与实际灾情记录数据对比，随州市经济损失评估结果与实际灾情记录的数据值较为一致，使用上述经济损失率模型得出的农业损失估算值具有一定参考性。

4.3.6　河南省郑州市洪涝监测评估

2021 年 7 月 17 日以来，河南省遭遇持续强降雨，引发了城市内涝和山洪地质灾害。

以郑州市为例，对洪涝灾害进行灾情评估，为防灾减灾提供科学决策。

使用 Sentinel 2A 微波遥感数据 2021 年 6 月 6 日和 7 月 31 日的影像，采用改进的归一化差值水体指数（modified normalized difference water index，MNDWI）对郑州市灾前灾后影像进行水陆分离提取水体，确定洪涝淹没范围并对比分析，以评估郑州市洪涝灾情。在水深范围已知的情况下，将水体视为静态水体，利用水面高程数据和地面高程模型来计算水深。

$$H_{淹}(x, y)=H_{水}(x, y)-H_{地}(x, y) \tag{4-3}$$

式中：$H_{淹}$ 为某点的洪水淹没水深；$H_{水}$ 为某点的水面高程；$H_{地}$ 为某点的地面数字高程；(x, y) 为淹没区域内的点。

结合其他分蓄洪区损失率研究成果，根据郑州市实际情况建立淹没区域内不同类别的承灾体在不同水深下与洪灾损失率的关系。洪涝淹没区域行业损失率与淹没水深关系如表 4-6 所示。

表 4-6　郑州市洪涝淹没区域行业损失率

行业/地类/设施	水深/m				
	0～0.5	0～1	1～2	2～3	>3
农业	77	85	95	100	100
林业	0	5	10	25	40
牧业	0	8	25	45	70
渔业	30	70	80	100	100
工业	10	15	25	25	40
建设用地	0	5	10	15	20
住宅用地	0	7	12	16	80
水利设施	5	10	15	20	30

通过分析遥感提取的灾前与灾后水体，并与土地利用数据叠加，获得洪涝区域（巩义市、荥阳市、市辖区、中牟县、新郑市、新密市、登封市）各地类淹没面积（表 4-7），对灾情损失进行了初步统计。将农作物用地面积进行叠加运算，以耕地表示农业这一行业，那么模型推算出郑州市 2021 年 7 月 31 日农作物受灾面积为 12 291.03 hm^2。

表 4-7　郑州市各地类淹没面积　　　　　　　　　　　（单位：hm^2）

地类	巩义市	荥阳市	市辖区	中牟县	新郑市	新密市	登封市	合计
耕地	1 424.25	1 894.59	1 447.20	4 734.09	951.12	716.40	1 123.38	12 291.03
林地	103.23	55.44	1.71	0.00	1.53	57.42	46.80	266.13
草地	83.52	20.52	50.76	33.93	8.73	5.67	7.47	210.60
湿地	96.84	174.42	62.55	300.78	5.04	0.00	0.00	639.63
水域	511.47	369.00	216.00	419.85	63.09	50.58	99.81	1 729.80

地类	巩义市	荥阳市	市辖区	中牟县	新郑市	新密市	登封市	合计
工矿用地	275.04	568.53	2 539.98	673.92	501.21	357.57	322.92	5 239.17
合计	2 494.35	3 082.50	4 318.20	6 162.57	1 530.72	1 187.64	1 600.38	20 376.36

间接经济损失由直接经济损失乘以一定的比例关系来确定，郑州市采用中国间接损失系数的中间值作为分项资产的间接损失系数，即农业 20%、林业 19%、牧业 19%、渔业 19%、工业 24%，采用间接经济损失评估模型求算随州市此次暴雨洪涝灾害的间接经济损失（表 4-8）。

表 4-8　郑州市经济损失评估　　　　　　　　　　（单位：万元）

县区	直接经济损失	间接经济损失
巩义市	90 208.39	18 943.76
荥阳市	209 940.36	44 087.48
市辖区	1 917 467.52	402 668.18
中牟县	393 537.26	82 642.82
新郑市	260 447.18	54 693.91
新密市	73 363.41	15 406.32
登封市	104 285.97	21 900.05
总计	3 049 250.09	640 342.52

评估表明，此次暴雨洪涝灾害造成郑州市直接经济损失约为 304.92 亿元，间接经济损失约为 64.03 亿元。使用郑州市人口空间分布公里网格数据集对此次受灾人口进行统计分析，评估本次郑州市洪涝受灾人口达 106.83 万人。此次灾情给郑州市人民生命财产安全造成巨大损失，全市受灾人口达 173.60 万人，因灾倒塌房屋 5.28 间，全市直接经济损失为 532 亿元（数据来源于河南省人民政府）。

4.4　国外重点示范区洪涝灾中监测与灾后评估

4.4.1　曼哈迪河流域洪涝监测评估

曼哈迪三角洲易洪易涝、水患频繁。2020 年 8 月 28 日希拉库德水坝的水位为 190.67 m，而整个水坝水位为 192 m。上游泄洪引起奥里萨邦马哈纳迪河泛滥，洪水淹没了低洼地区并阻断了道路。使用 FY-3D 遥感数据 2021 年 8 月 2 日和 8 月 30 日的影像，采用 MNDWI 对曼哈迪河流域灾前灾后影像进行水陆分离提取水体，确定洪涝淹没范围并对比分析，以评估曼哈迪河流域洪涝灾情。

参照该模型，在 MERSI 中对应的 MNDWI 公式为

$$MNDWI = \frac{CH2 - CH4}{CH2 + CH4} \tag{4-4}$$

式中：CH2 和 CH4 分别为 MERSI 的第 2 通道和第 4 通道。该方法比较适用于大范围水体的监测，而对于相对细小的水体往往达不到满意的效果。

在水深范围已知（图 4-5）的情况下，将水体视为静态水体，利用水面高程数据和地面高程模型来计算水深。

$$H_{淹}(x,y) = H_{水}(x,y) - H_{地}(x,y) \tag{4-5}$$

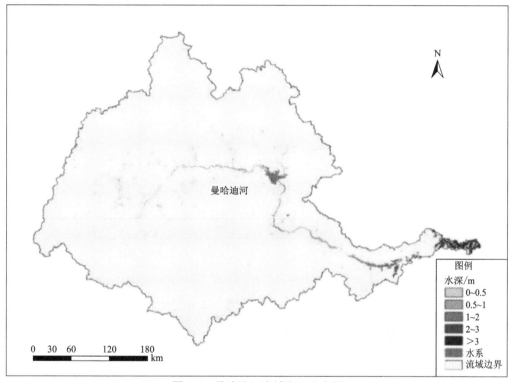

图 4-5　曼哈迪河流域水深分布图

结合其他分蓄洪区损失率研究成果，根据曼哈迪河流域实际情况建立淹没区域内不同类别的承灾体在不同水深下与洪灾损失率的关系。洪灾损失率与淹没水深关系如表 4-9 所示。

表 4-9　曼哈迪河流域洪涝淹没区域行业损失率　　　　　　　　　　（单位：%）

行业	淹没水深/m				
	0～0.5	0～1	1～2	2～3	>3
农业	30	60	80	100	100
林业	30	30	50	50	50
牧业	25	30	30	40	50
渔业	20	20	30	60	100
工矿用地	10	20	30	50	50

通过分析遥感提取的灾前与灾后水体，并与土地利用数据叠加，获得洪涝区域各地类淹没面积（表 4-10），对灾情损失进行初步统计。将农作物用地面积进行叠加运算，以耕地表示农业这一行业，那么模型推算出曼哈迪河流域 2020 年 8 月 30 日农作物受灾面积为 75 933.63 hm²。曼哈迪河流域淹没地类及人口分布如图 4-6 所示。

表 4-10 曼哈迪河流域各地类淹没面积 （单位：hm²）

地类	淹没面积
耕地	75 933.63
林地	10 360.62
草地	15 924.15
灌木地	1 568.52
湿地	1 530.18
水域	33 052.23
工矿用地	2 826.81
裸地	15 274.35
合计	90 689.58

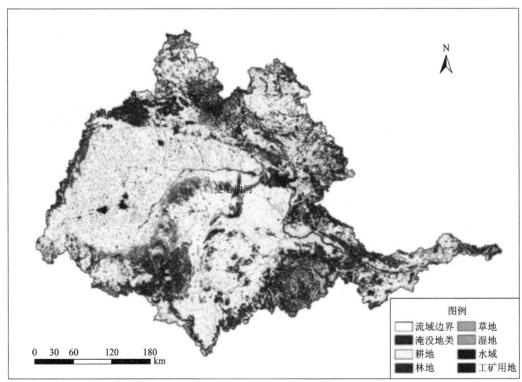

（a）洪涝水体与土地利用类型叠加图

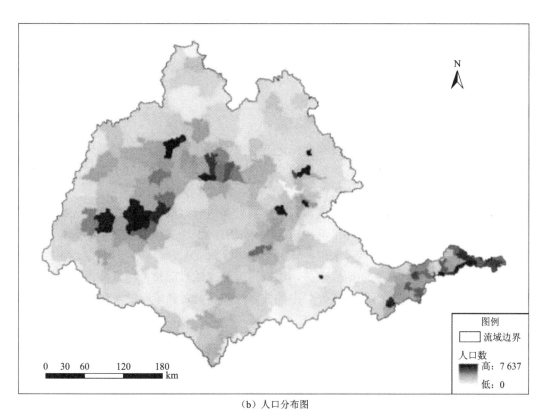

（b）人口分布图

图 4-6 曼哈迪河流域淹没地类及人口分布图

间接经济损失由直接经济损失乘以一定的比例关系来确定，曼哈迪河流域采用中国间接损失系数的中间值作为分项资产的间接损失系数，即农业 20%、林业 19%、牧业 19%、渔业 19%、工业 24%，采用间接经济损失评估模型求算曼哈迪此次暴雨洪涝灾害的间接经济损失。曼哈迪河流域各地类经济损失评估见表 4-11。

表 4-11 曼哈迪河流域各地类经济损失评估 　　　　　　　　　（单位：万元）

地类	经济损失
耕地	6 578.88
林地	2 573.23
草地	3 859.85
湿地	1 286.61
水域	6 578.88
工矿用地	5 146.47
合计	26 023.96

评估表明，此次暴雨洪涝灾害造成曼哈迪河流域直接经济损失约为 2.60 亿元，间接经济损失约为 0.52 亿元。使用曼哈迪人口空间分布公里网格数据集对此次受灾人口进行

统计分析，评估本次曼哈迪洪涝受灾人口为 50.23 万人。此次曼哈迪洪涝实际受灾人口为 41.58 万人（数据来源于"人民网"），通过与实际灾情记录数据对比，曼哈迪河流域各地类经济损失评估结果与实际灾情记录的数据值较为一致，估算值具有一定参考性。

4.4.2 印度河流域洪涝监测评估

2020 年 8 月 25 日前后，印度东北部遭遇洪灾，大量农田被洪水淹没，村庄被泥石流和山体滑坡灾害影响，已经导致阿萨姆邦多达 400 万人受灾，3 200 个村庄被洪水淹没。持续的暴雨，导致印度河水位上涨。使用 FY-3D 遥感数据 2021 年 8 月 2 日和 9 月 6 日的影像，采用 MNDWI 对印度河流域灾前灾后影像进行水陆分离提取水体，确定洪涝淹没范围并对比分析，以评估印度河洪涝灾情。MNDWI 公式参见式（4-4）。利用水面高程数据和地面高程模型来计算水深，计算公式参见式（4-5）。

结合其他分蓄洪区损失率研究成果，根据印度河流域实际情况建立淹没区域内不同类别的承灾体在不同水深下与洪灾损失率的关系。洪灾损失率与淹没水深关系如表 4-12 所示。

表 4-12　印度河流域洪涝淹没影响区行业损失率　　　　　　　　　　（单位：%）

行业/地类	淹没水深/m				
	0~0.5	0~1	1~2	2~3	>3
农业	30	60	80	100	100
林业	30	30	50	50	50
牧业	25	30	30	40	50
渔业	20	20	30	60	100
工矿用地	10	20	30	50	50

通过分析遥感提取的灾前与灾后水体，并与土地利用数据叠加，获得洪涝区域各地类淹没面积（表 4-13），对灾情损失进行初步统计。将农作物用地面积进行叠加运算，以耕地表示农业这一行业，那么模型推算出印度河流域 9 月 6 日农作物受灾面积为 75 933.63 hm^2。印度河流域淹没地类及人口分布如图 4-7 所示。

表 4-13　印度河各地类淹没面积　　　　　　　　　　（单位：hm^2）

地类	淹没面积
耕地	75 933.63
林地	73 137.87
草地	507 408.03
灌木地	37 131.21
湿地	150 640.92

地类	淹没面积
水域	205 882.56
工矿用地	12 216.15
裸地	1 040 151.51
冰川和永久积雪	12 216.15
海域	148 049.46
合计	2 201 203.98

印度河流域采用中国间接损失系数的中间值作为分项资产的间接损失系数,即农业20%、林业19%、牧业19%、渔业19%、工业24%,采用间接经济损失评估模型求算印度河此次暴雨洪涝灾害的间接经济损失。

评估表明,此次暴雨洪涝灾害造成印度河直接经济损失约为104.02亿元,间接经济损失约为21.84亿元。使用印度河人口空间分布公里网格数据集对此次受灾人口进行统计分析,评估本次印度河洪涝受灾人口为364.32万人。

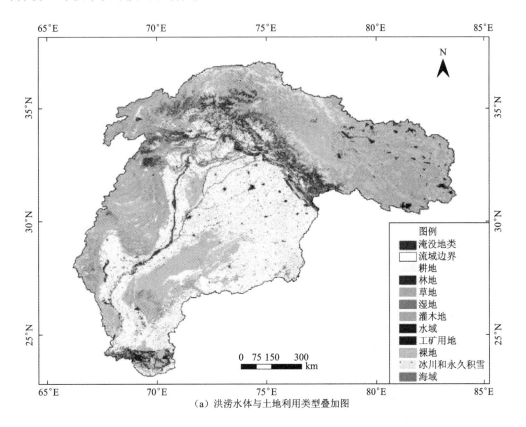

(a)洪涝水体与土地利用类型叠加图

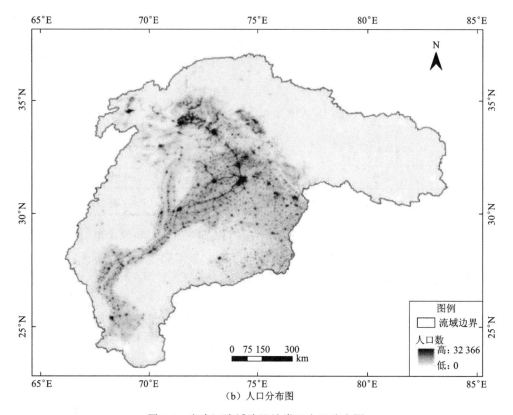

（b）人口分布图

图 4-7　印度河流域淹没地类及人口分布图

印度洪灾使大量农田被洪水淹没，导致多达 400 万人受灾，3 200 个村庄被洪水淹没（数据来源于"人民网"）。通过与实际灾情记录数据对比，印度河流域经济损失评估结果与实际灾情记录的数据值较为一致，使用上述经济损失率模型得出的农业损失估算值具有一定参考性。

4.4.3　墨累河流域洪涝监测评估

2020 年 1 月 18 日澳大利亚新南威尔士州、昆士兰州等东部地区发生洪涝灾害。昆士兰州当地气象部门表示，这场暴雨属于 100 年一遇的大暴雨，当地的降水量一度接近 300 mm。降雨主要集中在澳大利亚东南部的新南威尔士州。

使用 FY-3D 遥感数据 2021 年 1 月 5 日和 1 月 24 日的影像，采用 MNDWI 对墨累河流域灾前灾后影像进行水陆分离提取水体，确定洪涝淹没范围并对比分析，以评估墨累河流域洪涝灾情。MNDWI 公式参见式（4-4）。利用水面高程数据和地面高程模型来计算水深，计算公式参见式（4-5）。

结合其他分蓄洪区损失率研究成果，根据墨累河流域实际情况建立淹没区域内不同类别的承灾体在不同水深下与洪灾损失率的关系。洪灾损失率与淹没水深关系如表 4-14 所示。

表 4-14　墨累河流域洪涝淹没影响区行业损失率

行业/地类	淹没水深/m				
	0~0.5	0~1	1~2	2~3	>3
农业	30	60	80	100	100
林业	30	30	50	50	50
牧业	25	30	30	40	50
渔业	20	20	30	60	100
工矿用地	10	20	30	50	50

　　将农作物用地面积进行叠加运算（图 4-8），以耕地表示农业这一行业，那么模型推算出墨累河流域 1 月 24 日农作物受灾面积约为 47 224.98 hm^2（表 4-15）。

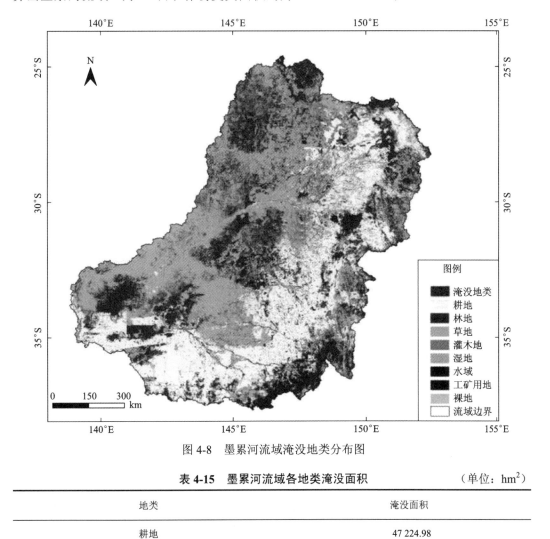

图 4-8　墨累河流域淹没地类分布图

表 4-15　墨累河流域各地类淹没面积　　　　　　　　　　　　　　（单位：hm^2）

地类	淹没面积
耕地	47 224.98
林地	36 307.53

地类	淹没面积
草地	53 100.81
灌木地	3 416.76
湿地	6 270.39
水域	534 998.52
工矿用地	2 948.67
裸地	2 107.80
合计	629 857.89

墨累河流域采用中国间接损失系数的中间值作为分项资产的间接损失系数，即农业20%、林业19%、牧业19%、渔业19%、工业24%，采用间接经济损失评估模型求算墨累河流域此次暴雨洪涝灾害的间接经济损失（表4-16）。

表 4-16　墨累河流域各地类经济损失评估　　　　　（单位：万元）

地类	经济损失
耕地	6 578.88
林地	2 573.23
草地	3 859.85
湿地	1 286.61
水域	6 578.88
工矿用地	5 146.47
合计	26 023.96

评估表明，此次暴雨洪涝灾害造成墨累河流域直接经济损失约为2.60亿元，间接经济损失约为0.59亿元。使用墨累河流域人口空间分布公里网格数据集对此次受灾人口进行统计分析，评估本次墨累河流域洪涝受灾人口为2.41万人。

通过与实际灾情记录数据对比，墨累河流域各地经济损失评估结果与实际灾情记录的数据值较为一致，使用上述经济损失率模型得出的农业损失估算值具有一定参考性。

4.4.4　密西西比河流域洪涝监测评估

密西西比河（Mississippi River）位于北美洲中南部，是北美洲流程最长、流域面积最广、水量最大的河流，发源于美国西部落基山脉的密苏里河支流红石溪。密西西比河支流众多，主要包括上密西西比河、东部支流俄亥俄河，以及西部支流密苏里河、阿肯色河、怀特河和雷德河，形成巨大的不对称树枝状水系。密西西比河是世界上最繁忙的商业水道之一，流经北美大陆最肥沃的农田。全流域东半部气候潮湿，冬季、春季田纳西河流域、俄亥俄河流域和密西西比河流域南部流量大，自得克萨斯州中部至北达科他州东部有一条南北延伸的亚热带湿润气候带，西面为大平原半干旱气候，降水来源为墨西哥湾和太平洋的低空、高空湿气，降水变化大。

美国国家航空航天局（NASA）发布的科学报告指出，美国在 2020 年 1 月到 2 月初遭受到了洪水的袭击，NASA Terra 卫星记录数据显示，位于密西西比河分水岭上持续的暴雨使河水膨胀到河岸，导致水在 2020 年 1 月下旬溢出到"洪泛区"。到 2 月初，美国四州（阿肯色州、田纳西州、密西西比州和路易斯安那州）的部分地区接近于或高于洪水段，形势非常严峻。

使用 FY-3D 遥感数据 2020 年 1 月 4 日和 2 月 2 日的影像，采用 MNDWI 对密西西比河流域灾前灾后影像进行水陆分离提取水体，确定洪涝淹没范围并对比分析，以评估密西西比河流域洪涝灾情。

MNDWI 公式参见式（4-4）。利用水面高程数据和地面高程模型来计算水深，计算公式参见式（4-5）。图 4-9 为密西西比河流域水深分布图。

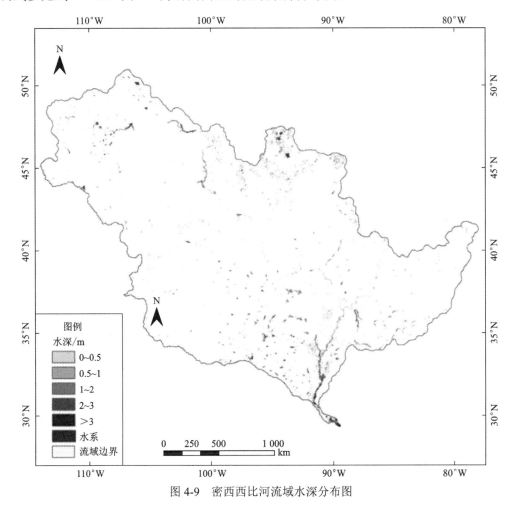

图 4-9　密西西比河流域水深分布图

结合其他分蓄洪区损失率研究成果，根据密西西比河流域实际情况建立淹没区域内不同类别的承灾体在不同水深下与洪灾损失率的关系。洪灾损失率与淹没水深关系如表4-17所示。

表 4-17　密西西比河流域洪涝淹没影响区行业损失率　　　　　　（单位：%）

行业/地类	淹没水深/m				
	0～0.5	0～1	1～2	2～3	>3
农业	30	60	80	100	100
林业	30	30	50	50	50
牧业	25	30	30	40	50
渔业	20	20	30	60	100
工矿用地	10	20	30	50	50

通过分析遥感提取的灾前与灾后水体，并与土地利用数据叠加（图 4-10），获得洪涝区域各地类淹没面积，对灾情损失进行初步统计。将农作物用地面积进行叠加运算，以耕地表示农业这一行业，那么模型推算出密西西比河流域 2 月 2 日农作物受灾面积为 139 579.56 hm² （表 4-18）。

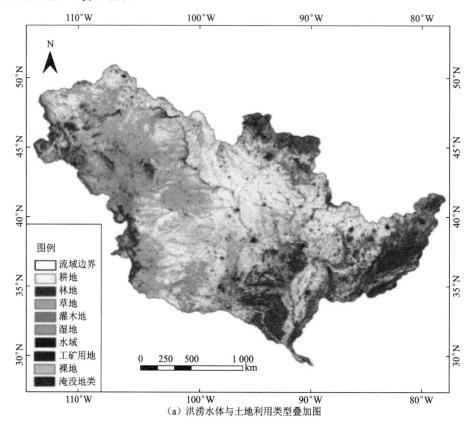

（a）洪涝水体与土地利用类型叠加图

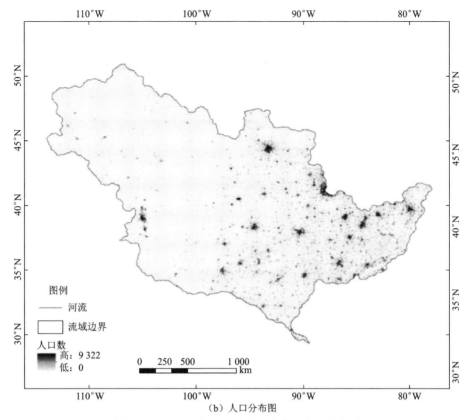

（b）人口分布图

图 4-10　密西西比河流域淹没地类及人口分布图

表 4-18　密西西比河流域各地类淹没面积　　　　　　　　　　　（单位：hm²）

地类	淹没面积
耕地	139 579.56
林地	39 140.01
草地	5 105.25
灌木地	1 067.85
湿地	141 043.77
水域	47 399.13
工矿用地	9 770.22
裸地	1 157.31
合计	383 105.79

密西西比河流域采用中国间接损失系数的中间值作为分项资产的间接损失系数，即农业 20%、林业 19%、牧业 19%、渔业 19%、工业 24%，采用间接经济损失评估模型求算密西西比河流域此次暴雨洪涝灾害的间接经济损失。密西西比河流域淹没地类及人口分布如图 4-10 所示。

评估表明，此次暴雨洪涝灾害造成密西西比河流域直接经济损失约为 1 169.65 亿元（表 4-19），间接经济损失约为 245.62 亿元。使用密西西比河流域人口空间分布公里网格数据集对此次受灾人口进行统计分析，评估本次密西西比河流域洪涝受灾人口为49.41 万人。

表 4-19　密西西比河流域各地类经济损失评估　　　　　　　　（单位：万元）

地类	经济损失
耕地	1 955 970.51
林地	2 298 544.61
草地	1 752 691.44
灌木地	154 387.51
湿地	1 844 901.36
水域	3 338 991.33
工矿用地	351 088.48
合计	11 696 575.24

通过与实际灾情记录数据对比，密西西比河流域经济损失评估结果与实际灾情记录的数据值较为一致，使用上述经济损失率模型得出的农业损失估算值具有一定参考性。

4.4.5　肯尼亚洪涝监测评估

2020 年 4 月至 5 月初，肯尼亚 29 个郡连续强降雨，多地发生洪灾。2020 年 5 月 6 日，肯尼亚因强降雨导致多地河流湖泊水位上涨，多个水坝有决堤危险。肯尼亚西部重灾区受灾严重，暴雨对基础设施、村庄和农田等造成严重破坏。数千人流离失所，近十万人需转移到安全地带。使用 FY-3D 遥感数据 2020 年 4 月 2 日和 5 月 9 日的影像，采用 MNDWI 对肯尼亚灾前灾后影像进行水陆分离提取水体，确定洪涝淹没范围并对比分析，以评估肯尼亚洪涝灾情。

MNDWI 公式参见式（4-4）。利用水面高程数据和地面高程模型来计算水深，计算公式参见式（4-5）。

结合其他分蓄洪区损失率研究成果，根据肯尼亚实际情况建立淹没区域内不同类别的承灾体在不同水深下与洪灾损失率的关系。洪灾损失率与淹没水深关系如表 4-20 所示。

表 4-20　肯尼亚洪涝淹没影响区行业损失率　　　　　　　　（单位：%）

行业/地类	淹没水深/m				
	0～0.5	0～1	1～2	2～3	>3
农业	30	60	80	100	100
林业	30	30	50	50	50

行业/地类	淹没水深/m				
	0～0.5	0～1	1～2	2～3	>3
牧业	25	30	30	40	50
渔业	20	20	30	60	100
工矿用地	10	20	30	50	50

通过分析遥感提取的灾前与灾后水体，并与土地利用数据叠加（图 4-11），获得洪涝区域各地类淹没面积，对灾情损失进行初步统计。将农作物用地面积进行叠加运算，以耕地表示农业这一行业，那么模型推算出肯尼亚 5 月 9 日农作物受灾面积为 21 625.01 hm^2（表 4-21）。肯尼亚淹没地类及人口分布如图 4-11 所示。

通过确定不同水深范围内不同地类的洪涝损失率，由肯尼亚的 GDP 空间化结果与损失率进行叠加运算，估算此次暴雨过程造成肯尼亚各地类及各县区的直接经济损失。间接经济损失由直接经济损失乘以一定的比例关系来确定，肯尼亚采用中国间接损失系数的中间值作为分项资产的间接损失系数，即农业 20%、林业 19%、牧业 19%、渔业 19%、工业 24%，采用间接经济损失评估模型求算肯尼亚此次暴雨洪涝灾害的间接经济损失。

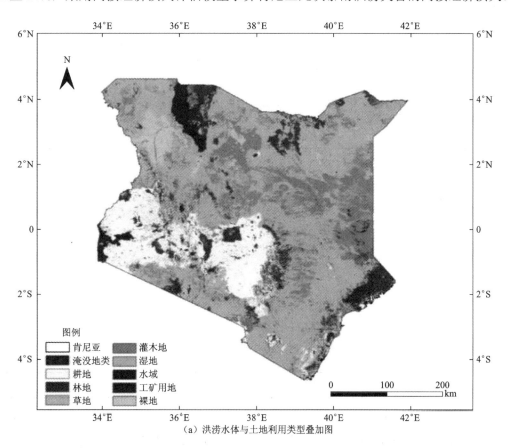

（a）洪涝水体与土地利用类型叠加图

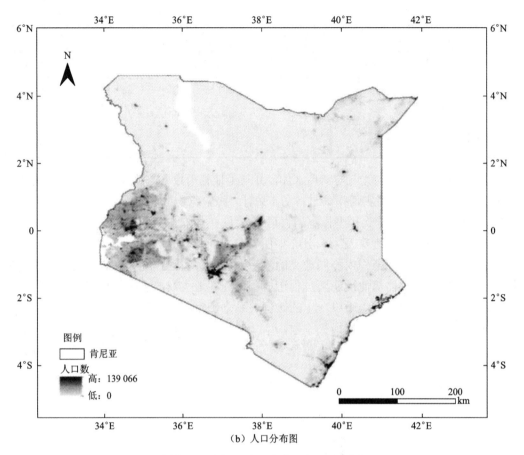

（b）人口分布图

图 4-11　肯尼亚淹没地类及人口分布图

表 4-21　肯尼亚各地类淹没面积 （单位：hm²）

地类	淹没面积
耕地	21 625.01
林地	15 361.24
草地	34 720.95
灌木地	17 724.51
湿地	2 161.34
水域	20 853.88
工矿用地	979.70
裸地	5 908.17
合计	119 334.80

　　评估表明，此次暴雨洪涝灾害造成肯尼亚直接经济损失约为 1.48 亿元，间接经济损失约为 0.28 亿元（表 4-22）。使用肯尼亚人口空间分布公里网格数据集对此次受灾人口进行统计分析，评估本次肯尼亚洪涝受灾人口为 13.07 万人。肯尼亚洪灾导致大约 10 万

人流离失所（数据来源于"海外网"），通过与实际灾情记录数据对比，肯尼亚各地类经济损失评估结果与实际灾情记录的数据值较为一致，估算值具有一定参考性。

表 4-22　肯尼亚各地类经济损失评估　　　　　　（单位：万元）

地类	经济损失
耕地	2 161.34
林地	1 181.62
草地	3 544.90
灌木地	1 181.62
裸地	2 161.34
水域	4 524.61
合计	14 755.43

第5章 干旱遥感监测的关键——土壤含水量监测

本章对欧洲空间局（ESA）气候变化倡议（CCI）的土壤含水量主被动合成产品进行空间降尺度研究，基于深度学习技术，将深度前馈神经网络（deep feedforward neural network，DFNN）、深度置信网络（deep belief networks，DBN）、U 型网络结构（U-net architecture，UNet）及随机森林（random forest，RF）等模型应用于土壤含水量降尺度过程，对鄱阳湖流域 2003～2019 年 CCI 日尺度数据进行降尺度，结合地面实测站点数据进行验证分析，对比不同降尺度模型的效果，将降尺度模型结果应用于鄱阳湖流域农业干旱监测，检验了降尺度结果的应用价值。

5.1 概　　述

干旱已成为全球共同的气象灾害问题。随着全球气候条件变化，干旱事件的发生表现出持续时间更长、发生频次更多、程度更加严重的趋势。干旱通常由降雨不足导致，在分析干旱事件时，除降水量以外，还可以通过温度、径流、水库水位、土壤含水量及积雪等指标进行表征。目前对干旱的研究，主要通过干旱指数来进行区域和事件分析。目前常用的干旱指数包括：标准化降水指数（standardized precipitation index，SPI）、帕默尔干旱指数（Palmer drought severity index，PDSI）、作物水分胁迫指数（crop water stress index，CWSI）、温度植被干旱指数（temperature vegetation dryness index，TVDI）等。这些干旱指数反映了陆地表面和大气之间能量和水的交换情况，可以有效地对干旱事件进行监测分析。

干旱的成因复杂，影响因素较多，根据其对象可以分为四类：气象干旱、水文干旱、农业干旱、社会经济干旱。这几种干旱类型之间也存在内在的关联，其中农业干旱等类型实质上是气象干旱的影响结果，往往是降雨缺少导致土壤水分缺失，因此农业干旱的发生时间往往晚于气象干旱。

根据数据源和干旱类型的不同，干旱监测指数也随之不同。常用的气象干旱指数有降水平距百分比、Z 指数。对于农业干旱，2010 年以前由于缺少土壤湿度网格数据，常用降雨数据构建的干旱指数进行代替，如标准化降水指数（SPI）。

近年来随着土壤湿度遥感卫星发射，能够获取大范围的土壤含水量观测数据，因此基于土壤湿度本身的干旱指数也随之被广泛应用。Carrão 等（2016）根据概率密度函数（probability density function，PDF）和正态分布，提出了经验标准化土壤水分指数（empirical standardized soil moisture index，ESSMI），经过验证，该指数与农作物生产力高度相关，因此可以用来监测土壤水分异常情况，对干旱事件进行监测。周洪奎等（2019）使用数据同化得到的历史土壤含水量数据，构建了标准化土壤水分指数（standardized soil moisture index，SSMI），SSMI 与标准化降水蒸散指数（SPEI）在一致性上表现出较强的相关关系。参照小麦生长数据，SSMI 在黄淮海平原对农业干旱的监测情况基本与农业气象站点的记录结果一致。在土壤湿度应用方面，通过土壤湿度构建干旱指数能够对农业干旱进行监测。通过构建恰当的干旱指数，结合遥感土壤含水量数据，能够对地面土壤干旱情况进行大范围且较为准确的监测。

5.2 土壤含水量空间降尺度

土壤含水量是指土壤中存储水量的多少，通常用地面以下 0～50 cm 深度的土壤含水量来表征，对作物生长、陆地水循环、生态平衡及气候模式变化等过程起着重要影响，被广泛应用于农业监测、干旱和洪涝预报、供水管理等自然资源和人类活动中。土壤含水量会随着温度、植被覆盖、降雨、蒸散发及土壤质地类型等因素的不同而发生变化，表现出较强的时空异质性，所以对流域尺度进行分析时，土壤水分卫星产品空间分辨率较低，限制了在区域尺度的进一步应用。因此如何获取区域尺度高分辨率的土壤含水量数据，对研究和应用具有重要的意义。

5.2.1 土壤含水量空间降尺度模型

通过环境因子对土壤含水量数据进行空间降尺度，可以分为经验模型和物理模型两类降尺度方法。

经验模型空间降尺度方法是通过土壤含水量与其他环境变量之间的经验关系构建降尺度模型。这种经验关系可以通过插值方法、回归模型、机器学习及深度学习模型来表达。通常做法是在粗分辨率下计算降尺度模型参数，然后基于降尺度模型在不同空间尺度上具有不变性的假设，将高分辨率数据输入粗分辨率下得到的降尺度模型当中，最终得到降尺度土壤含水量数据。

经验模型中最常用的环境因素数据是归一化植被指数（NDVI）和地表温度（LST），主要是由于土壤含水量和这二者之间表现出特定的特征变化规律，当土壤含水量增加时，植物的蒸腾作用加强，地表温度降低，反之地表温度和 NDVI 植被覆盖情况会使得土壤含水量发生相反的变化。

任中杰等（2017）通过二元线性回归方程，使用 LST 和 NDVI 构建了先进微波扫描辐射计（the advanced microwave scanning radiometer 2，AMSR2）土壤含水量降尺度模型，在江苏省区域降尺度结果提高了土壤含水量数据与温度植被干旱指数（temperature vegetation dryness index，TVDI）之间的相关程度，并且在 1 km 尺度上反映出了 AMSR2 数据的空间异质性。Portal 等（2018）在使用线性回归模型作为降尺度过程中关系模型的同时，使用了不同局部的窗口来拟合回归系数，很大程度上减少了全局回归在降尺度结果的平滑问题，更多地保留了原始数据的空间变化信息。Ma 等（2018）通过地理加权回归（geographic weighted regression，GWR）和克里金方法对 AMSR2 数据降尺度，用 GWR 方法结合亮温数据得到降尺度结果，然后在空间上利用面-点克里金方法

（area-to-point Kriging，ATPK）对残差进行降尺度，最终得到修正的降尺度土壤含水量，与原始数据相比，在空间分布上表现更好，同时提高了与站点数据之间的相关性。在经验方法上，凌自苇等（2014）还通过 UCLA 方法，以空间权重分解的方式，利用经验标准化土壤水分指数（ESSMI）、温度植被干旱指数（TVDI）、条件温度植被指数（vegetation temperature condition index，VTCI）等地表温度和植被指数特征空间指数（Ts/VI 指数）作为降尺度因子，比较后得出基于植被的两种指数，在降尺度结果上表现要优于基于潜热通量的土壤湿度指数。UCLA 法最早由美国加利福尼亚大学洛杉矶分校的 Kim 和 Hogue 提出，是一种实用的土壤湿度降尺度方法（Kim et al.，2012）。

在经验模型中，为了改善模型的物理意义，半经验性模型基于物理和理论尺度变化的分解（disaggregation based on physical and theoretical scale change，DISPATCH）方法能够通过计算高分辨率土壤蒸散发效率（soil evaporative efficiency，SEE），提升土壤含水量的空间分辨率。DISPATCH 是一种致力于利用高分辨率土壤温度数据进行土壤水分观测分解的算法。张明敏（2020）探究了多元线性回归方法和 DISPATCH 方法的降尺度效果，对比了不同季节下的数据精度和趋势拟合，两种方法各有优劣，DISPATCH 拟合效果更好，但在降尺度精度上弱于多元线性回归方法，此外两种方法得到的结果表现会随着季节不同而发生差异，降尺度结果在秋季效果最好，在冬春季表现较差。

物理模型空间降尺度方法是通过陆面过程模型对大气、水文、生物化学植被等人类活动和环境交互过程进行数学物理模式计算，通过计算机对过程模式进行仿真演算。

有研究通过大气—陆表交互模型，在 1 km 下通过建模过程中土壤质地、大气外力等建模参数，以及可见光、近红外、热红外遥感数据，对土壤水分和海洋盐度（soil moisture and ocean salinity，SMOS）卫星遥感产品土壤含水量数据继续进行了降尺度，随后在 2008 年引入蒸发效率对降尺度过程进行了改进，通过 MODIS 温度和植被指数数据，将 SMOS 卫星遥感产品土壤含水量数据由 40 km 降尺度至 10 km。

5.2.2　深度学习在土壤含水量空间降尺度中的应用

深度学习和机器学习模型作为一种预测建模方法，具有强大的拟合表达能力，能够从复杂的数据中学习特征和规律。深度学习是机器学习的一个分支。深度学习能够通过多层神经网络训练，构建输入数据和目标值之间的拟合关系，从大量数据中找出输入数据的特征范式，从而实现泛化表征能力。深度学习的概念于 2006 年由杰弗里·辛顿（Geoffrey Hinton）在深度置信网络中正式提出，通过无监督的学习方法逐层训练算法，将上一层的训练结果作为下一层的输入，再使用有监督的反向传播（back propagation，BP）算法调整网络参数，解决了深层网络学习训练中梯度消失的问题。

Im 等（2016）以韩国和澳大利亚为研究区，比较了随机森林、增强回归树和 Cubist 三种机器学习算法对 AMSR-E 土壤水分数据的降尺度效果，其中随机森林算法在训练过程中 R^2 和 RMSE 表现最好，并且分析得出在不同研究区域，环境因子表现出的变量重要性不同，这可能与不同地区的地貌和气候环境有关。有研究在使用随机森林对 SMAP 数据进行降尺度的基础上，探究了滞后效应和质量守恒对降尺度过程的影响，对比了滞后 3 天、滞后 7 天及不滞后的 SMAP 数据，并用质量守恒对降尺度结果的高值和低值区域进行校正，对 SMAP 土壤含水量降尺度具有一定的改善作用。Kovacevic 等（2020）对加利福尼亚州 ESA CCI 土壤含水量数据进行随机森林降尺度，在环境因子的选择上，也将 NDVI 的滞后效应进行了考虑，在进行日尺度降尺度时加入年积日（day of year，DOY）作为预测因子，提高了降尺度结果的准确性。Jiang 等（2017）使用反向传播神经网络（back propagation neural network，BPNN）算法，对 AMSR-E、AMSR2、SMOS 三种卫星土壤含水量数据进行降尺度，将空间分辨率从 25 km 降尺度至 1 km，从时序尺度上对降尺度结果进行了分析。BPNN 算法降尺度结果与多项式回归算法对比，在时间变化上具有更高的相关性（$R>0.72$），并指出降尺度结果在很大程度上与原土壤含水量数据相关。此外还对比了 NDVI、增强型植被指数（enhanced vegetation index，EVI）、归一化差值水体指数（normalized difference water index，NDWI）等不同遥感指数遥感探测影像（remote sensing image，RSI）的降尺度效果，得出在青藏高原地区更适合使用 EVI 作为降尺度因子。Cai 等（2022）对比了 DBN 和 RF 算法的降尺度效果，DBN 降尺度（$R^2=0.698\,4$，RMSE=0.021\,0）在统计指标评价上比 RF 算法降尺度（$R^2=0.573\,2$，RMSE=0.023\,5）结果更好，并且将已建立好的 SMAP（9 km）土壤含水量数据降尺度模型迁移到 AMSR2（10 km）降尺度过程中，探究了降尺度模型的泛用性，结果得出对 AMSR2 降尺度效果表现良好。Zhao 等（2022）在降尺度模型构建中，引入了残差网络（residual net，ResNet）进行降尺度，指出这种深度学习模型的优势在于能够通过卷积核分析土壤含水量数据的空间自相关性，在残差网络中设置了多个残差密集块。通过残差网络得到的降尺度结果，与 RF、BPNN、DBN 及考虑像元邻近关系的 NC-DBN 对比，在西藏自治区那曲（NAQU）站点观测网络中相关性最好（$R=0.806\,2$），在阿里地区（Ngari）站点观测网络上的偏差和相关性表现均达到最优。

除对算法本身的研究之外，数据也是深度学习的一个重要组成部分。图像作为一种常见的研究对象，在深度学习的研究中占有重要地位，如图像识别、图像分类等应用任务。卷积网络在神经网络的基础上进行了改进，在隐藏层中加入了卷积层。在图像处理上，权值共享的特性能够很好地利用图片数据的局部相关性，在特征提取上对比其他的深度学习算法，卷积网络有着独特的优势，但对数据的完整性有一定要求。

在实际降尺度过程中，受云雾和运行轨道及季节因素的影响，预测因子数据和原始卫星遥感土壤含水量数据存在部分数据空缺，特别是在日尺度土壤含水量降尺度过程中，影响了降尺度结果的完备性。Zhao 等（2021）通过年温度循环（the annual temperature cycle，ATC）方法对 MODIS 地表温度数据进行了填补（gap filling），从而获取无缝土壤含水量降尺度结果。在原 ESA CCI 数据缺失数据的时间段内进行 ATC 填补后得到的降尺度结果，与站点的验证精度达到了可以接受的水平（$R=0.720$，RMSE=0.088）。沈焕锋等（2023）用泊松校正等方式对 SMAP 9 km 土壤含水量数据进行了合成填补，结合陆面过程 GLDAS Noah 0.25° 土壤含水量数据改善了 SMAP 数据的空间覆盖率和时间覆盖率。这些研究为降尺度过程中遇到的数据缺失问题提供了一些解决思路。

5.2.3 研究区概况

鄱阳湖流域（113°35′E～118°29′E，24°29′N～30°05′N）位于长江中下游，是我国

重要的生态水文系统，面积近 16 万 km^2，约占长江流域总面积的 9%。在地势上，流域总体呈现南高北低的趋势，中部平原三面环山，全境以山地、丘陵为主（图 5-1），山地占江西省总面积的 36%，丘陵占 42%。在地类上，流域主要由耕地和林地构成，分别约占 65% 和 25%，其他土地利用类型，如草地、水域、建设用地分别占 4.3%、4.1%、1.6%。流域地属亚热带季风气候，多年平均降水量约为 1 714 mm，年平均气温为 18.2 ℃。流域由鄱阳湖和注入长江的修河、赣江、抚河、信江、饶河 5 条支流贯穿而成。其中鄱阳湖是我国最大的淡水湖，泥沙淤积形成的冲积平原为农耕创造了良好的环境。鄱阳湖平原是国内九大商品粮基地之一，近年来由于降雨时空分布不均、大气环流及土壤类型等原因，鄱阳湖流域干旱事件频发，对作物灌溉、航运、饮用水供应等造成了很大的影响。

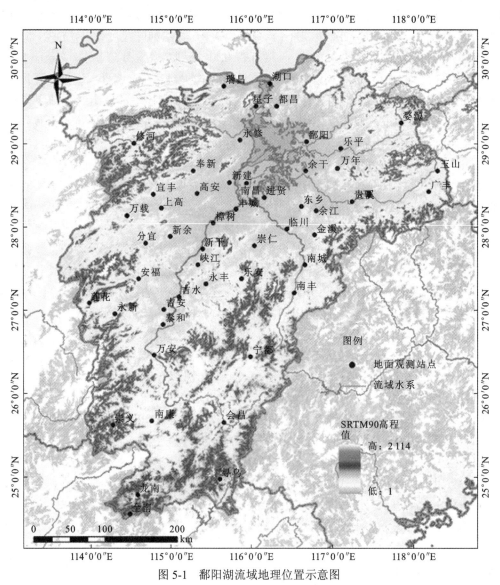

图 5-1 鄱阳湖流域地理位置示意图

5.3 数据处理与模型构建

5.3.1 研究数据及预处理

1. ESA CCI 土壤含水量遥感数据

本节所用的土壤含水量遥感数据来源于欧洲空间局气候变化倡议（ESA CCI）观测计划。该计划自 2009 年启动，共为全球气候观测系统（global climate observation system，GCOS）提供了 26 个高质量卫星遥感气候数据集。

土壤含水量作为基本气候变量（essential climate variables，ECVs）之一，其数据集涵盖了 1979~2021 年全球范围内土壤含水量数据，各数据集源数据来自多个不同的主动和被动微波传感器观测，目前已有 13 个公开开放的数据版本，根据时间年限提供数据更新。CCI 土壤含水量数据集根据合成数据源观测方式的不同，分为主动（Active）、被动（Passive）、主被动融合（Combined）三类产品，时间分辨率均为 1 天，空间分辨率为 0.25°×0.25°，其土壤覆盖深度为 0~5 cm。数据集参数如表 5-1 所示。本小节选用主被动融合产品作为降尺度研究的目标对象，采用 CCI SM v07.1 数据版本（ESA CCI SM，https://www.esa-soilmoisture-cci.org/）进行降尺度研究。原始数据以 NetCDF 格式提供，坐标系为 WGS84，经过格式转换、裁剪等预处理，得到鄱阳湖流域 2003 年 1 月 1 日至 2019 年 12 月 31 日，共计 6209 景日尺度土壤含水量遥感数据。

表 5-1　CCI 土壤含水量主动、被动、融合产品主要参数

产品名称	时间覆盖范围	空间分辨率	时间分辨率/天	数据来源
Active	1991~2021 年	0.25°×0.25°.	1	散射计：AMI-WS ERS1/2、AMI-ES ERS2、ASCAT A&C、ASCAT B
Passive	1978~2021 年	0.25°×0.25°	1	辐射计：SMMR、SSM/I、AMSR-E、TMI、Windsat、SMOS、AMSR2、SMAP、GPM、FY-3B、FY-3C、FY-3D
Combined	1978~2021 年	0.25°×0.25°	1	主动被动数据融合

2. 环境因子数据

在研究过程中，选取了与土壤含水量相关的环境数据作为环境因子进行降尺度。这些数据主要来源于 MODIS Terra/Aqua 产品数据，如地表温度（LST）、地表反照率（Albedo）、归一化植被指数（NDVI）、土地覆盖类型（Landcover）等，此外还有高程数据（NASA SRTM DEM）。这五种环境因子数据均通过谷歌地球引擎（Google Earth Engine，GEE）平台进行坐标系转换、重采样、裁剪预处理，时间范围为 2003 年 1 月 1 日至 2019 年 12 月 31 日。

（1）地表温度：使用 MODIS 061 MOD11A1/MYD11A1 数据。数据以 1 天为周期，取日间地表温度波段数据。地表温度反映了地表辐射发射情况，与土壤含水量通常呈负相关关系，随着地表温度升高，地面蒸散发增强，会使土壤含水量降低。在实际使用中，地表温度数据产品往往有很多缺失的像元，MOD 数据（Terra 卫星数据）和 MYD 数据（Aqua 卫星数据）提供了同日内不同的覆盖范围，因此采用两种数据进行互补，当覆盖像元重合时对 MOD 和 MYD 产品取平均值，扩充 LST 数据的覆盖范围。

（2）地表反照率：使用 MODIS 006 MCD43A3 数据。数据以 1 天为周期，分为黑空反照率（black sky albedo，BSA）和白空反照率（white sky albedo，WSA），表示入射光只有太阳直射光或者天空光时地表的反射能力，表示反照能量占入射辐射的比例。地表反照率通常与土壤含水量呈负相关关系。数据采用近红外宽波段 BSA 数据。反照率（Albedo，ALB）数据使用 16 bit 进行存储，转换成实际反照率时，取值范围为 0～1，地球表面平均反照率为 0.3。

（3）归一化植被指数：使用 MODIS 061 MOD13A2 数据。数据以 16 天为周期，取时间周期内无云、视角低、质量最好的像元形成栅格数据。NDVI 反映了地表植被绿度及生长情况，与土壤含水量通常呈正相关关系，随着 NDVI 升高，土壤含水量也会随之升高。在时间尺度上，NDVI 通常与土壤含水量表现出滞后效应，土壤含水量变化与 NDVI 变化时间间隔一个月左右。NDVI 取值范围在[-1,1]，小于零的 NDVI 表示地表植被缺失或植被受到污染，因此将这些像元的像素值设置成 0，以去除 NDVI 异常值。

（4）土地覆盖类型：使用 MODIS 061 MCD12Q1 数据。数据以 1 年为周期，根据不同的指标对地面土地覆盖类型做出了国际地圈生物圈计划（international geosphere-biosphere programme，IGBP）、马里兰大学（University of Maryland，UMD）、叶面积指数（leaf area index，LAI）、生物群落-生物地球化学循环（biome-biogeochemical cycles，BIOME-BGC）、植物功能类型（plant functional type，PFT）5 种分类方式。由于 CCI 数据主要观测的是 0～5 cm 表层土壤含水量，而浅层土壤含水量受到土地覆盖类型影响较大，因此将土地覆盖类型纳入环境因子进行考虑。本小节采用 LC_Type4 生物群落-生物地球化学循环（biogeochemical cycles，BGC）分类方式，将地面土地覆盖类型分为 9 类，包括水体、针阔叶植被、非植被土地和城市用地等类型，对地表像元进行分类。

（5）高程数据：使用 SRTM DEM 90 m 高程数据。高程对土壤含水量的影响比较复杂，通常来讲海拔升高，气压、温度、降雨量等相关因素会降低，土壤含水量会随着高程增加呈现降低的趋势。

数据均采用 WGS84 地理坐标系（EPSG:4 326），并重采样至 1 km。各环境因子数据的具体参数如表 5-2 所示。此外，考虑到季节因素的影响，将 DOY 也加入模型训练中。DOY 表示年积日，用于考虑不同年份间气候变化的影响。

表 5-2 降尺度环境所使用的因子数据

环境因子变量	数据产品名称	空间分辨率/时间分辨率	数据单位	取值范围
归一化植被指数（NDVI）	MOD13A2	1 km/16 天	—	[-2 000,10 000]
地表温度（LST）	MOD11A1/MYD11A1	1 km/1 天	K	[7 500,65 535]
反照率（Albedo）	MCD43A3	500 m/1 天	—	[0,32 766]
土地覆盖类型（Landcover）	MCD12Q1	500 m/1 年	—	[0,8]
高程数据（Elevation）	SRTM90-DEM	90 m/（静态的）	m	[-444,8 806]

3. 地面站点数据

本小节采用江西省范围内 52 个地面实测土壤含水量站点，站点仪器为 DZN1 型自动土壤水分观测站传感器，对单日观测数据而言，单个站点有 8 个观测值，分别为 volume_water1,volume_water2,…,volume_water8，不同的观测值对应不同的观测深度。各观测值每隔 1 小时更新一次。站点数据时间范围为 2014 年 10 月至 2016 年 10 月，共 431 个有效观测日。各站点在研究区域内均匀覆盖（图 5-1），具体属性信息如表 5-3 所示。

表 5-3　降尺度环境所使用的因子数据

区站号	站名	经度 /(°E)	纬度 /(°N)	海拔 /m	区站号	站名	经度 /(°E)	纬度 /(°N)	海拔 /m
57792	分宜	114.68	27.81	93.7	J5189	奉新	115.28	28.68	75.0
57992	南康	114.76	25.67	127.0	J5190	万载	114.45	28.14	99.1
58510	湖口	116.23	29.73	39.6	J6350	南丰	116.53	27.21	108.0
58607	南昌	115.94	28.53	29.9	J6360	临川	116.44	27.98	37.3
58635	广丰	118.19	28.43	95.3	J6361	南城	116.66	27.55	84.0
J0217	新建	115.73	28.54	7.0	J6362	金溪	116.78	27.91	130.0
J0320	进贤	116.16	28.36	62.0	J6363	东乡	116.62	28.25	36.6
J1185	瑞昌	115.66	29.70	23.6	J6364	崇仁	116.04	27.78	69.0
J1192	永修	115.86	29.05	14.0	J6365	乐安	115.88	27.38	168.0
J1193	星子	116.06	29.46	62.0	J7046	新余	114.99	27.89	95.0
J1194	都昌	116.31	29.46	37.7	J7258	莲花	113.97	27.09	197.0
J1195	修河	114.53	29.01	130.5	J8230	吉安	114.91	27.01	71.0
J2277	鄱阳	116.68	29.03	24.5	J8248	泰和	114.90	26.83	90.7
J2278	万年	117.06	28.71	51.7	J8252	新干	115.40	27.74	38.7
J2279	弋阳	117.45	28.39	56.0	J8253	安福	114.59	27.38	76.8
J2280	玉山	118.30	28.68	101.0	J8254	吉水	115.10	27.16	52.3
J2300	婺源	117.85	29.26	80.9	J8255	万安	114.79	26.46	104.6
J2301	余干	116.67	28.68	19.0	J8256	峡江	115.34	27.55	62.3
J3050	乐平	117.10	28.95	26.0	J8257	永丰	115.44	27.32	59.6
J4040	贵溪	117.24	28.31	33.0	J8258	永新	114.30	26.96	127.0
J4901	余江	116.80	28.20	39.4	J9901	宁都	115.99	26.44	188.0
J5157	樟树	115.53	28.05	29.0	J9902	龙南	114.58	24.78	205.0
J5158	宜丰	114.78	28.40	91.7	J9903	寻乌	115.61	24.97	340.0
J5186	上高	114.88	28.23	30.0	J9904	全南	114.48	24.55	289.0

区站号	站名	经度/(°E)	纬度/(°N)	海拔/m	区站号	站名	经度/(°E)	纬度/(°N)	海拔/m
J5187	丰城	115.81	28.22	26.0	J9905	崇义	114.28	25.62	358.4
J5188	高安	115.33	28.41	34.0	J9906	会昌	115.66	25.65	173.0

4. GLDAS 土壤含水量数据

全球陆地数据同化系统（GLDAS）摄取了卫星和地面观测数据产品。它使用先进的陆地表面建模和数据同化技术，生成陆地表面状态和通量的最佳场。本书采用了 GLDAS NOAH L4 月尺度模型土壤含水量数据作为补充，数据版本号为 2.1，空间分辨率为 $0.25° \times 0.25°$，覆盖时间段为 2003 年 1 月 1 日至 2019 年 12 月 31 日。考虑到 CCI 数据存在像元缺失的问题，当进行干旱指数计算时，通过对应位置 GLDAS 数据对月均 CCI 土壤含水量数据缺失像元进行填补，然后通过累积分布函数（cumulative distribution function，CDF）匹配方法对填补值进行校正。当进行填补时，CDF 匹配以像元为单位进行计算，计算原理和步骤如下。

（1）获取一段时间内 CCI 和 GLDAS 的像元值进行排序，得到累积分布函数。

（2）计算 CCI 与 GLDAS 数据的累积分布函数的差值 delta=sorted_gldas−sorted_cci，通过最小二乘多项式函数对差值进行拟合，拟合方程如下：

$$\text{delta}: f(x) = p_0 x^n + p_1 x^{n-1} + p_2 x^{n-2} + p_3 x^{n-3} + \cdots + p_n \tag{5-1}$$

（3）根据得到的拟合方程参数，对原始 CCI 数据进行拟合，得到经过填补和 CDF 校正后的 CCI 数据：

$$\text{CCI}_{\text{ADJUST}} = \text{CCI} + f(\text{CCI}) \tag{5-2}$$

式中：$\text{CCI}_{\text{ADJUST}}$ 为校正后的土壤含水量数据；CCI 为原始土壤含水量数据；$f(\text{CCI})$ 为拟和方程。

以研究区 115.12°E～115.37°E, 29.62°N～29.84°N 为例，首先通过 GLDAS 和 CCI 的累积分布函数计算差值，并进行拟合，然后根据获得的拟合参数对原 CCI 数据进行校正，CCI 数据在 CDF 匹配填补前后的变化如图 5-2 所示，绿线为原 CCI 月尺度数据，黑线表示 GLDAS 月尺度土壤含水量数据，红线为经过 CDF 填补修正后的 CCI 月尺度土壤含水量数据。

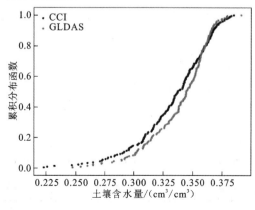
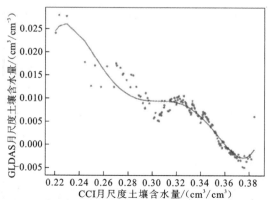

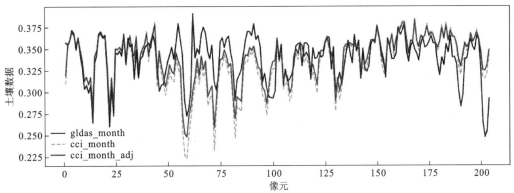

图 5-2　通过 GLDAS 数据对月尺度 CCI 数据进行 CDF 填补校正

gldas_month 为月尺度 GLDAS 土壤数据，cci_month 为月尺度 CCI 土壤数据，cci_month_adj 为填补校正后的月尺度 CCI
土壤数据，扫描封底二维码见彩图

5.3.2　研究方法

1. 随机森林

随机森林（RF）算法是一种集成学习 Bagging 算法，通过创建多个决策树，并对其输出进行平均，得出最终预测结果。随机森林算法能够较好地表达非线性关系，对离群值不敏感，抗过拟合能力强。在本书研究中，使用随机森林算法作为参照，对比深度学习模型与机器学习模型在土壤含水量降尺度上的差异（图 5-3）。

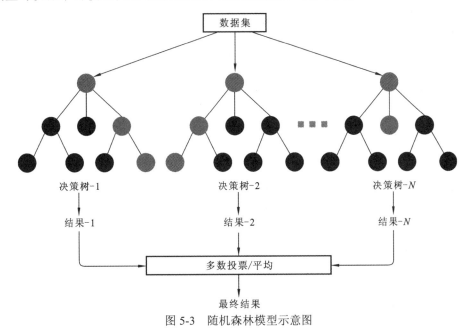

图 5-3　随机森林模型示意图

通过随机森林算法在输入环境因子数据与输出 SSM_{LR} 之间建立函数关系。

$$SSM_{LR} = F_{RF}(Env) + \varepsilon$$

$$Env = (LST, Albedo, NDVI, Landcover, DEM, Lon, Lat, DOY) \qquad (5\text{-}3)$$

式中：SSM_{LR} 为 CCI 原始土壤含水量数据；Env 为环境因子数据，表示输入向量，如地表温度 LST、反照率 Albedo、归一化植被指数 NDVI、土地覆盖类型 Landcover、高程数据 DEM、经度 Lon（Longitude）、纬度 Lat（Latitude）和年积日 DOY；F_{RF} 为非线性函数；ε 为残差项。

通过 Pycaret 包将随机森林算法与 17 种机器学习算法进行 5 折交叉验证对比（表 5-4），得出随机森林算法在训练阶段表现出良好的性能，达到训练 MAE=0.013 7，R^2=0.791 4。经过多次训练对比后，设置随机森林超参数决策树数量 n_estimators=100，最大深度 max_depth=30。

表 5-4　机器学习 17 种回归算法对比

模型	评价指标					
	MAE	MSE	RMSE	R^2	RMSLE	MAPE
随机森林回归器	0.013 7	0.000 3	0.018 7	0.791 4	0.014 2	0.043 9
极端随机树回归（extra trees regressor）	0.015 0	0.000 4	0.020 4	0.751 8	0.015 5	0.048 2
轻量级梯度提升机（light gradient boosting machine）	0.018 2	0.000 6	0.023 8	0.660 9	0.018 2	0.058 6
决策树回归（decision tree regressor）	0.019 2	0.000 7	0.026 7	0.575 8	0.020 3	0.061 2
梯度提升回归（gradient boosting regressor）	0.022 5	0.000 8	0.029 1	0.496 0	0.022 1	0.072 7
k 近邻回归器（k neighbors regressor）	0.023 2	0.000 9	0.030 7	0.439 2	0.023 4	0.074 8
最小角回归（least angle regression）	0.028 3	0.001 3	0.036 2	0.217 0	0.027 6	0.092 0
贝叶斯岭（Bayesian ridge）	0.028 3	0.001 3	0.036 2	0.217 0	0.027 6	0.092 0
岭回归（ridge regression）	0.028 3	0.001 3	0.036 2	0.217 0	0.027 6	0.092 0
线性回归（linear regression）	0.028 3	0.001 3	0.036 2	0.217 0	0.027 6	0.092 0
胡贝尔回归器（Huber regressor）	0.029 0	0.001 4	0.037 5	0.160 0	0.028 6	0.095 4
弹性网络（elastic net）	0.029 5	0.001 5	0.038 1	0.134 8	0.029 0	0.096 4
套索回归（lasso regression）	0.029 6	0.001 5	0.038 2	0.131 4	0.029 1	0.096 7
正交匹配追踪（orthogonal matching pursuit）	0.029 6	0.001 5	0.038 2	0.129 3	0.029 1	0.096 6
适应性回归提升（adaboost regressor）	0.031 8	0.001 5	0.038 9	0.095 4	0.029 4	0.098 3
套索最小角回归（lasso least angle regression）	0.032 4	0.001 7	0.040 9	-0.000 0	0.031 2	0.105 7
假回归（dummy regressor）	0.032 4	0.001 7	0.040 9	-0.000 0	0.031 2	0.105 7
被动攻击性回归（passive aggressive regressor）	0.036 1	0.001 9	0.043 6	-0.137 1	0.033 0	0.110 5

注：MAE 为平均绝对误差；MSE 为均方误差；RMSLE 为均方根对数误差；MAPE 为平均绝对百分比误差

2. 深度前馈网络

研究选择深度前馈网络（DFNN）作为深度学习降尺度方法之一。深度前馈网络又称多层感知机，通过多层神经元由输入层向输出层进行信息传递，传递的方向一致，因此属于前向反馈网络（图 5-4）。

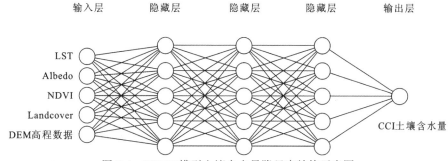

图 5-4　DFNN 模型土壤含水量降尺度结构示意图

深度前馈网络由输入层、输出层、隐藏层组成，这些层之间形成全连接（fully connected，FC）结构，每层的神经元之间符合以下映射关系：

$$y = f(x, \theta) \tag{5-4}$$
$$y = \mathrm{ReLU}(WX + b) \tag{5-5}$$

式中：x 和 y 分别为输入和输出；θ 为已知输入和期望输出值之间映射的最优参数解。为了避免梯度消失，使得模型能够表达土壤湿度与环境因子之间复杂的非线性关系，在各层间引入 ReLU 激活函数。假设输入样本 $X=(X1, X2, X3, X4, X5)$，隐藏层维度为 H，则经过隐藏层后输出如式（5-5）所示。W 为连接权重矩阵，b 为隐藏层偏移量。模型训练参数集合为 $\theta = \{W, b\}$

在进行模型参数调整时，统一设置 epoch=400，batchsize=1 024，lr=0.000 1。损失函数选取 nn.MSELoss( )，通过验证集输出结果均方误差 MSE 对比不同参数的训练效果。神经元和隐藏层的数量影响了模型的复杂度，增加神经元和隐藏层会使模型对复杂特征的表达能力增强，但也容易使模型陷入过拟合。

固定神经元数量 $N=400$，对隐藏层数 $L=3,4,5$ 训练过程进行对比，loss 曲线如图 5-5 所示。从 loss 曲线图中能看出，模型在 150 epoch 左右损失函数和 R^2 曲线基本收敛，随

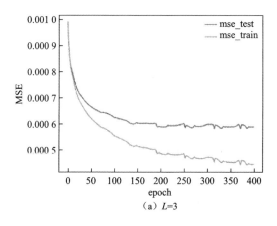

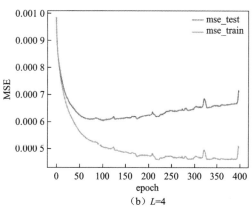

（a）$L=3$　　　　　　　　　　　　　　（b）$L=4$

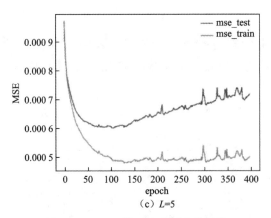

（c）*L*=5

图 5-5　DFNN 模型隐藏层参数调整

mse_test 为测试数据均方误差，mse_train 为训练数据均方误差，扫描封底二维码见彩图，后同

着隐藏层数增加，当隐藏层数大于 3 时，150 epoch 后验证集 loss 曲线不下降反上升，这表明模型逐渐陷入过拟合。

固定隐藏层数量 *L*=3，对神经元数量 *N*=300,400,500 训练过程进行对比，训练的 loss 曲线如图 5-6 所示。同样地，随着神经元数量增加，模型逐渐进入过拟合。当 *N*=300 时，loss 曲线在 400 epoch 时仍未收敛。当 *N*=400 时，模型在 epoch=200 处基本收敛。当 *N*=500 时，模型在 200 epoch 后进入过拟合。

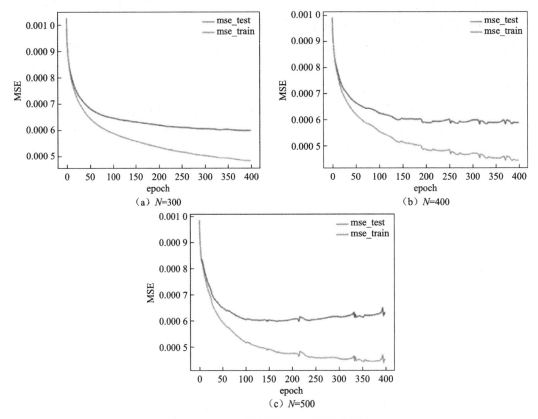

图 5-6　DFNN 模型神经元数量参数调整

综合以上对比结果，选取以下数值作为 DFNN 模型参数（表 5-5）。

表 5-5　DFNN 降尺度模型参数

类别	参数名称	取值/公式
模型参数	隐藏层数量 L	3
	神经元数量 N	400
训练超参数	epoch	400
	batchsize	1 024
	学习率	1×10^4
	优化器	Adam
	损失函数	$MSE = \dfrac{1}{N} \sum\limits_{i=1}^{N} \left(V_{pred} - V_{obs} \right)^2$

注：V_{pred} 为预测值；V_{obs} 为观测值

3. 深度置信网络

深度置信网络（DBN）是一种生成式有向图模型，由多个受限波尔兹曼机（restricted Boltzmann machine，RBM）和反向传播监督网络组成。DBN 在训练过程中，通过逐层对 RBM 进行训练，用数据向量来推断隐层，再把当前 RBM 隐层作为下一层的数据向量进行传递（图 5-7）。

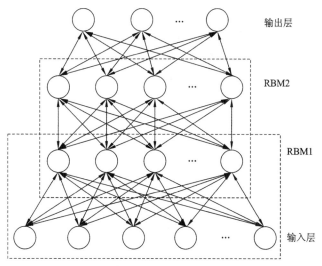

图 5-7　DBN 模型土壤含水量降尺度结构示意图

DBN 模型训练过程主要分为以下两部分。

（1）预训练（pretrain）。从输入层开始，对每一层 RBM 网络进行无监督训练，学习保留数据集本身的特征信息。对于训练集的每一条记录，将其赋给显层，计算隐层神经元被开启的概率，然后从（隐层）计算出的概率中抽取一个样本，用来重构显层，再次使用重构过的显层计算隐层神经元概率，按公式更新权重矩阵。

（2）模型微调（finetune）。将 DBN 最后一层的输出作为输入，进行有监督学习，通过反向传播网络自顶向下微调整个网络参数。

经过多次训练，确定 DBN 模型参数如表 5-6 所示。

表 5-6　DBN 降尺度模型参数

类别	参数名称	取值/公式
模型参数	隐藏单元	[128,64]
训练超参数	epoch	1 000
	batchsize	2 048
	学习率	1×10^{4}
	优化器	Adam
	损失函数	$MSE = \dfrac{1}{N} \displaystyle\sum_{i=1}^{N}\left(V_{pred} - V_{obs}\right)^{2}$

4. UNet

UNet 是一种全卷积网络，在深度学习中卷积操作可以在不改变原始图像结构的情况下，实现特征提取，主要应用于图像像素级实例学习，如单目深度估计、医疗图像分割等（Traore et al.，2018）。UNet 模型分为两个部分，前半部分通过下采样作用实现特征提取，后半部分进行上采样卷积，两个部分组成 Encoder-Decoder 结构。UNet 模型在上采样过程中，通过跳跃连接（skip-connection）操作将同层高度的 encoder 特征信息融合到解码过程中，使 UNet 能够获得更准确的输出结果。使用 UNet 模型进行土壤含水量降尺度，能够将环境因子的数据特征与位置信息进行融合，从特征关系和空间位置的角度对土壤含水量降尺度过程进行构建（图 5-8）。

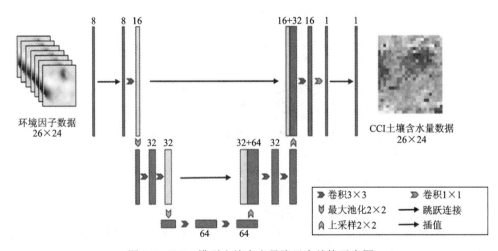

图 5-8　UNet 模型土壤含水量降尺度结构示意图

对于本书选取的研究区域，原始 CCI 栅格影像大小为 26×24，设计 UNet 结构如图 5-8 所示。将环境因子数据作为多通道图像输入，在进行训练时首先对输入数据进行插值处理，将输入特征图分辨率 26×24 通过双线性法插值至 48×48，方便后续进行卷积和池化运算。然后经过两次下采样，经过转置卷积进行上采样，对输出 48×48 结果进行重新插值，得到最终与原输入相同分辨率的特征图。将输出特征图与原始 CCI 之间的差值作为损失函数进行训练。当进行预测结果输出时，将插值（interpolate）操作设置为 768×768，最终输出 1 km 降尺度土壤湿度大小为 737×681。

模型中，卷积操作通过两组卷积核构成，每组卷积核分为 Conv2d、BathchNorm2d、ReLU 三层，相对于原始 UNet 结构，本章设计用于土壤湿度降尺度考虑了环境因子输入数据的空间维度和尺寸，25 km 环境因子数据鄱阳湖流域研究区域可以视为 26×24 大小、通道数为 8 的图像，网络模型中过深的特征层会使得图像尺寸过小，不利于进行特征学习。因此在设计 UNet 模型时，对模型特征提取和特征融合中各卷积层的最大维度及卷积采样层数进行了改进。

5. 结果评价指标与数据标准化

本小节采用皮尔逊相关系数 R、均方根误差 RMSE、偏差 Bias 等统计指标定量评价降尺度前后土壤含水量数据和地面站点土壤含水量。设 M 和 N 分别为降尺度后土壤含水量数据和 CCI 原始土壤含水量数据，当进行数据评估时表示遥感土壤含水量数据和地面站点数据。计算公式如表 5-7 所示。

表 5-7　结果评价指标

评价指标	计算公式	取值范围
皮尔逊相关系数	$R = \dfrac{\sum\limits_{i=1}^{n}(M_i-\bar{M})(N_i-\bar{N})}{\sqrt{\sum\limits_{i=1}^{n}(M-\bar{M})^2\sum\limits_{i=1}^{n}(M-\bar{N})^2}}$	$[-1,1]$
均方根误差	$\mathrm{RMSE} = \sqrt{\dfrac{\sum\limits_{i=1}^{n}(M-N_i)^2}{n}}$	$[0,+\infty]$
偏差	$\mathrm{Bias} = \dfrac{1}{n}\sum\limits_{i=1}^{n}(M_i-N_i)$	$(-\infty,+\infty)$

本小节使用的深度学习模型都是基于梯度下降进行训练的。对训练数据使用 z 值标准化将数据量纲统一，提高模型收敛速度和模型精度。

$$标准化 = \frac{x_i-\mathrm{mean}(x)}{\mathrm{std}(x)} \tag{5-6}$$

式中：x_i 为环境因子各维度自变量中的第 i 个值；$\mathrm{mean}(x)$ 和 $\mathrm{std}(x)$ 分别为 x 所在列环境因子数据的均值和标准差。

标准化前后数据的相对大小数量关系没有变化，不同参数的学习速率相对统一，避免过大的数据量纲差异，造成冲击效应，学习参数在最优解附近振荡，无法进一步学习。使用标准化方法处理输入数据，能使模型在训练过程中更好地达到拟合。

5.4 ESA CCI土壤含水量时空分布与环境因子分析

本节研究原始CCI土壤含水量数据在研究区域鄱阳流域的适用性。首先基于鄱阳湖流域内的52个气象站点2014年10月至2016年4月共431个有效观测日期地面土壤含水量数据，对ESA CCI土壤含水量数据的精度、时空分布进行评估。最后，基于斯皮尔曼相关系数对环境因子之间的相关性进行分析。

5.4.1 CCI土壤含水量数据验证

基于鄱阳湖流域内52个地面观测站点的日值数据（图5-9），首先对CCI土壤含水量数据进行整体区域分析，计算得到相关系数R=0.16，均方根误差RMSE=0.11 m^3/m^3。这说明土壤含水量空间异质性较大，由于观测站点分布稀疏，相对于密集站点网络不同观测站点的地理条件相差较大，并且相对于原始CCI土壤含水量数据25 km×25 km网格位置存在很大的不确定性，因此需要从站点角度逐个分析。

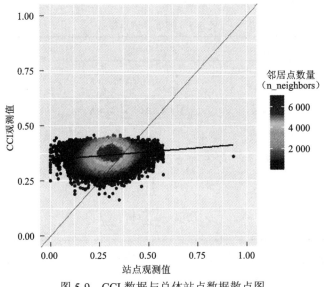

图5-9　CCI数据与总体站点数据散点图

在单个站点上，由于J0320进贤、J1194都昌、J2277鄱阳、J2280玉山、J2300婺源、J6361南城等站点位置靠近湖泊水系，CCI存在大量空缺值，所以相关系数较低，接近于0或呈现负值（表5-8）。在单个地面观测数据的评估中，CCI数据与站点观测土壤含水量的平均相关系数 R=0.492，平均均方根误差 RMSE=0.096 m^3/m^3，平均偏差Bias=0.064 m^3/m^3。从单个站点的局部角度来看，CCI数据与地面站点相关性良好，且偏差较小。这表明在鄱阳湖流域具有较好的适用性。

表 5-8　各站点土壤含水量观测值与 CCI 土壤含水量数据精度验证

站号	站名	相关系数	均方根误差/(m³/m³)	偏差/(m³/m³)	站号	站名	相关系数	均方根误差/(m³/m³)	偏差/(m³/m³)
57792	分宜	0.52	0.09	-0.05	J5189	奉新	0.51	0.05	0.05
57992	南康	0.57	0.05	0.03	J5190	万载	0.54	0.12	0.11
58510	湖口	0.59	0.12	0.10	J6350	南丰	0.63	0.10	0.10
58607	南昌	0.68	0.11	0.10	J6360	临川	0.57	0.07	0.06
58635	广丰	0.55	0.04	0.00	J6361	南城	-0.36	0.29	0.28
J0217	新建	0.77	0.17	0.17	J6362	金溪	0.60	0.22	0.22
J0320	进贤	0.07	0.11	0.06	J6363	东乡	0.61	0.06	0.05
J1185	瑞昌	0.37	0.05	0.00	J6364	崇仁	0.66	0.15	0.15
J1192	永修	0.65	0.14	-0.13	J6365	乐安	0.66	0.09	0.08
J1193	星子	0.46	0.09	0.08	J7046	新余	0.63	0.05	0.04
J1194	都昌	—	—	—	J7258	莲花	0.46	0.08	-0.07
J1195	修河	0.41	0.05	0.02	J8230	吉安	0.64	0.09	0.01
J2277	鄱阳	—	—	—	J8248	泰和	0.58	0.18	0.17
J2278	万年	0.53	0.09	0.07	J8252	新干	0.66	0.07	0.06
J2279	弋阳	0.65	0.12	0.12	J8253	安福	0.06	0.18	0.17
J2280	玉山	0.32	0.04	-0.01	J8254	吉水	0.58	0.07	0.06
J2300	婺源	-0.27	0.08	-0.03	J8255	万安	0.49	0.11	0.10
J2301	余干	0.52	0.13	0.12	J8256	峡江	0.64	0.11	0.11
J3050	乐平	0.58	0.08	0.07	J8257	永丰	0.59	0.06	0.02
J4040	贵溪	0.58	0.18	0.18	J8258	永新	0.71	0.03	-0.02
J4901	余江	0.56	0.13	0.12	J9901	宁都	0.22	0.15	0.14
J5157	樟树	0.51	0.07	0.05	J9902	龙南	0.42	0.08	0.03
J5158	宜丰	0.55	0.09	0.03	J9903	寻乌	0.60	0.10	-0.08
J5186	上高	0.52	0.05	0.02	J9904	全南	0.60	0.16	0.15
J5187	丰城	0.78	0.04	-0.03	J9905	崇义	0.53	0.10	0.09
J5188	高安	0.58	0.10	0.10	J9906	会昌	0.69	0.03	0.00

　　将 CCI 土壤含水量数据与各站点观测数据评估指标绘制成泰森多边形，对各站点所在区域进行划分单独分析。将相邻土壤含水量站点连接成三角形，对三角形各边做垂直平分线，其交点所构成的多边形即为泰森多边形。研究区域东北部相关系数 R 较低，均方根误差和偏差也较高，这是由站点数据缺失导致站点数据质量不高。在中部大部分地

区相关性较高，相关系数达 0.5 以上，均方根误差为 0.1 m³/m³ 以下，大部分站点偏差接近于 0.04 m³/m³。

5.4.2　CCI 时空变化特征分析

1. 日尺度时序分析

ESA CCI 数据根据数据来源传感器的不同，通常表征 0～10 cm 表层土壤含水量。由土壤含水量逐日变化曲线（图 5-10），分析 2003～2019 年鄱阳湖流域土壤含水量的变化规律。

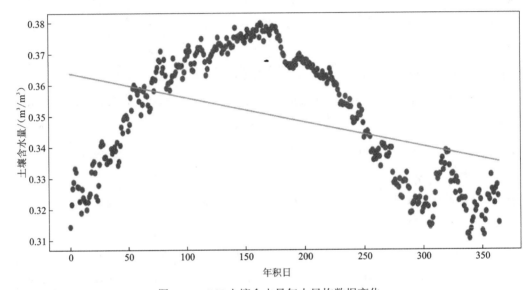

图 5-10　CCI 土壤含水量年内日均数据变化

从图 5-10 中可以看出，土壤含水量具有明显的季节性变化，整体介于 0.310～0.379 m³/m³，1～5 月土壤含水量呈现持续上升的趋势，5 月达到一年中的最大值，随后逐渐下降，9～12 月呈现波动趋势。具体来看，1～5 月由于地表温度升高，气压降低吸引南海西南季风，使冷热空气相遇形成降雨，土壤含水量逐渐升高。5 月后由于农业活动频繁、植被茂密生长蒸发量较大等原因，土壤含水量降低。9 月，鄱阳湖流域土壤含水量接近最低点，这表明该月份容易发生农业干旱。由于灌溉和抗旱设施及台风的共同作用，9～12 月土壤含水量波动频繁。

2. 日尺度空间分布

从图 5-11 可以看出，鄱阳湖流域表层土壤含水量呈现显著的季节变化特征，在夏季土壤含水量最大，春季次之，在秋季和冬季最小。在空间分布上，靠近鄱阳湖体的土壤含水量较大，而在靠近南海沿岸赣州九连山脉附近，土壤含水量在一年四季都比其他地区要更低，平均土壤含水量仅为 0.2 m³/m³ 左右，武夷山及汀江流域附近山脉众多，山区地势差悬殊，气候变化显著，因此土壤含水量在该地区明显偏低。

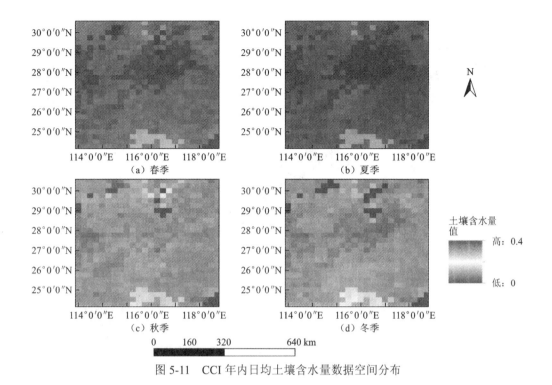

图 5-11　CCI 年内日均土壤含水量数据空间分布

5.4.3　环境因子相关性分析

斯皮尔曼相关系数又称斯皮尔曼等级相关系数，同样用于衡量两个变量之间的相关性，对于离散的数据，使用数据的大小顺序来代替数值本身。皮尔逊相关系数要求连续数据，满足正态分布，并且其大小反映了数据之间是否倾向于线性相关。斯皮尔曼相关系数能够通过单调函数，更好地反映出复杂关系下变量的相关性。

$$\rho = 1 - \frac{6\sum d_i^2}{n(n^2-1)} \tag{5-7}$$

式中：d_i 为第 i 个数据对的位次值之差；n 为总的观测样本数。

各环境因子与 CCI 土壤含水量相关性计算如图 5-12 所示。其中与土壤含水量相关性最高的是 LST，斯皮尔曼相关系数 $\rho=0.4$，这也与农业干旱发生的条件吻合，高温少雨容易引起气象干旱，导致土壤含水量随之降低。其次与土壤含水量相关性高的是 NDVI，由于 NDVI 表示植被茂盛的程度，斯皮尔曼相关系数 $\rho=0.14$，植被的蒸腾和根系渗透会使土壤含水量发生间接变化。此外，CCI 土壤含水量与纬度和年积日的相关性分别达到了 $\rho=0.13$ 和 $\rho=0.11$，这反映了不同年份间气候的差异对土壤含水量造成了一定的影响。此外，NDVI 与 DEM 的斯皮尔曼相关系数达到了 $\rho=0.5$，这说明鄱阳湖流域植被分布受到地形影响较大。

本节基于地面站点数据，在口尺度上对鄱阳湖流域的 CCI 数据适用性进行时序和空间分析。在总体站点上，由于站点空间分布与 CCI 原始数据空间分辨率相差较大，且存在地理差异性，所以 CCI 数据在总体站点上的相关性较低，但在单个站点进行分析时，

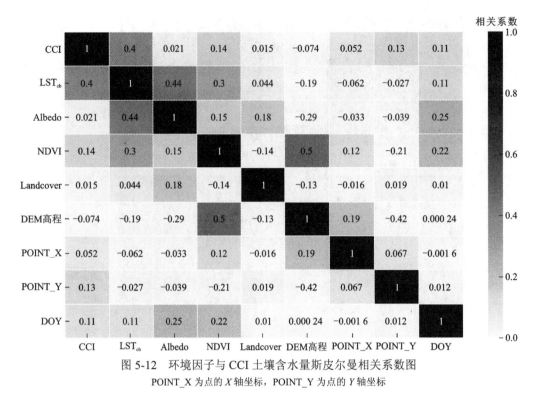

图 5-12 环境因子与 CCI 土壤含水量斯皮尔曼相关系数图

POINT_X 为点的 X 轴坐标，POINT_Y 为点的 Y 轴坐标

大部分站点表现出较高的一致性。对各个地面观测站点单独进行分析时，相关系数达到 0.5 以上，均方根误差在 0.10 以下。综合来看，CCI 数据在鄱阳湖流域具有较好的适用性。在时间序列上，分析了 2003～2019 年鄱阳湖流域 CCI 日均土壤含水量的变化情况。CCI 随时间表现出较为明显的季节变化特征，1～5 月土壤含水量逐渐升高，随着高温和人类活动而发生波动。根据日均土壤含水量变化曲线，鄱阳湖流域在 9～12 月达到年内土壤含水量最低点，具有发生农业干旱的趋势。在空间分布上，鄱阳湖流域 CCI 土壤含水量总体表现为流域北边地区土壤含水量较高，在南边靠近九连山脉和武夷山脉的地区土壤含水量偏低。这与鄱阳湖水体的分布及山区复杂的地理环境有关，表明土壤含水量具有较强的空间异质性。

5.5 基于深度学习的 ESA CCI 土壤降尺度研究

采用深度前馈神经网络、深度置信网络、U 型网络结构及随机森林等算法建立降尺度模型，对 2003～2019 年的 ESA CCI 日土壤含水量数据进行空间降尺度，通过插值残差项对降尺度结果进行校正，对比不同降尺度模型站点精度及空间分布效果，得出较优的土壤含水量降尺度算法，应用于鄱阳湖干旱监测研究。

5.5.1 模型数据集构建

环境因子数据集由 LST、Albedo、NDVI、Landcover 和 DEM 高程信息共 6019 组影

像。在训练之前需要先对数据进行清洗和异常值处理。

受 MODIS 数据云、雾及卫星轨道的限制，在获取数据时会产生很多的空缺值。其中 LST 和 Albedo 数据的空间覆盖范围较大程度上影响了输入数据的质量和最终降尺度结果的完整性，因此有必要对数据覆盖率进行筛选。图 5-13 为 LST、Albdeo 和 CCI 三种数据在 2003～2019 年的覆盖率情况，从图中可以看出，LST 数据在鄱阳湖流域覆盖率有大量日期在 30% 以下；Albedo 数据缺失情况相对于地表温度来说较少，但仍有部分日期，如 2012 年初、2017 年 6 月等出现了大量数据缺失；CCI 数据覆盖率较为完好，在研究时间段早期像元缺失较多，约为 50%，随着 ESA CCI 版本发布更新，在 2006 年后 CCI 数据覆盖率逐渐得到改善。模型数据集构建时，按照 25% 数据覆盖率对模型数据集进行筛选，保证研究区域内影像具有足够的像元数目。

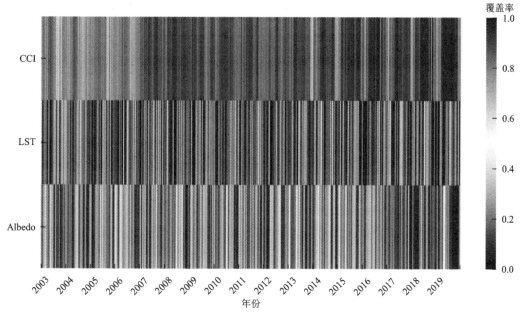

图 5-13　数据覆盖率分析图

CCI 代表 CCI 土壤含水量数据

进行训练时，对数据空缺值做归零处理。为了避免零值对训练过程产生影响，在训练时将含有零值的数据条目过滤。首先将各组数据转换成一维数组，按照像元顺序依次合并，将数组矩阵中含有 0 的行去除，完成异常值的筛选。对于 UNet 模型，在进行 UNet 降尺度时，由于涉及平面卷积操作，在 UNet 模型训练时使用遮罩的方式应对异常缺失值，当数据发生缺失时，梯度不再做更新处理（图 5-14）。

为了使模型更好地收敛，对环境因子数据进行标准化。环境因子输入数据的取值范围差异较大，因此在输入训练前需要先对环境因子数据集进行标准化处理，通过 Sklearn 包的 StandardScaler 工具，计算变量的平均值和标准差。然后，对于变量的每个观测值，减去平均值，除以标准差，将各变量转换成均值为 0、标准差为 1 的随机变量。

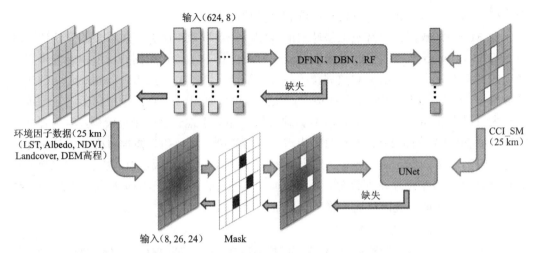

输入(624, 8)

DFNN、DBN、RF

缺失

环境因子数据(25 km)
(LST、Albedo、NDVI、
Landcover、DEM高程)

CCI_SM
(25 km)

UNet

缺失

输入(8, 26, 24)　　Mask

图 5-14　降尺度模型数据集构建与训练过程

CCL_SM 为 CCI 日土壤含水量数据

5.5.2　降尺度流程

根据所选择的 4 种算法，对 ESA CCI 日土壤含水量数据建立空间降尺度模型，将 CCI 数据的空间分辨率由 25 km 提升至 1 km。

降尺度研究主要基于两个假设：土壤含水量与环境因子之间在空间上具有相关关系，而且这种关系能够被所建立的模型解释；在低空间分辨率上建立的模型同样适用于高空间分辨率变量之间的关系。

根据以上假设，首先在 25 km 尺度上通过已有的 CCI 土壤含水量数据，得到 CCI 土壤含水量与环境因子之间的变化关系，建立降尺度模型；将 1 km 分辨率的环境因子输入降尺度模型，得到对应分辨率的 CCI 土壤含水量数据降尺度结果。具体的降尺度过程如下。

（1）将地表温度 LST、地表反照率 Albedo、归一化植被指数 NDVI、土地覆盖类型 Landcover、DEM 高程数据等重采样至 25 km 和 1 km 空间尺度，生成对应分辨率下的低分辨率环境因子数据 X_{LR} 和高分辨率环境因子 X_{HR}。

（2）将 CCI 数据与 25 km 环境变量数据 X_{LR}，作为输入数据用深度学习模型进行训练，建立降尺度模型，得到低分辨率 CCI 土壤含水量输出值 $Y_{LR}=f(X_{LR})$。

（3）计算 CCI 预测值与原始数据之间的残差 $\Delta_{LR}=SSM_{LR}-Y_{LR}$。

（4）向降尺度模型中输入高分辨率环境因子 X_{HR}，得到降尺度初步结果 $Y_{HR}=f(X_{HR})$。

（5）对残差项进行空间插值，使残差项 Δ_{HR} 空间分辨率与降尺度初步结果统一，将 1 km 土壤含水量预估值与残差相加，得到 CCI 降尺度结果 $Y_{ds}=Y_{HR}+\Delta_{HR}$。

5.5.3　降尺度结果分析

1. 不同模型降尺度结果空间分布

本小节研究比较 RF、DFNN、DBN、UNet 四种降尺度模型。考虑不同数据之间的完整性，选取 2016 年 3 月 1 日降尺度结果进行分析，如图 5-15 所示。

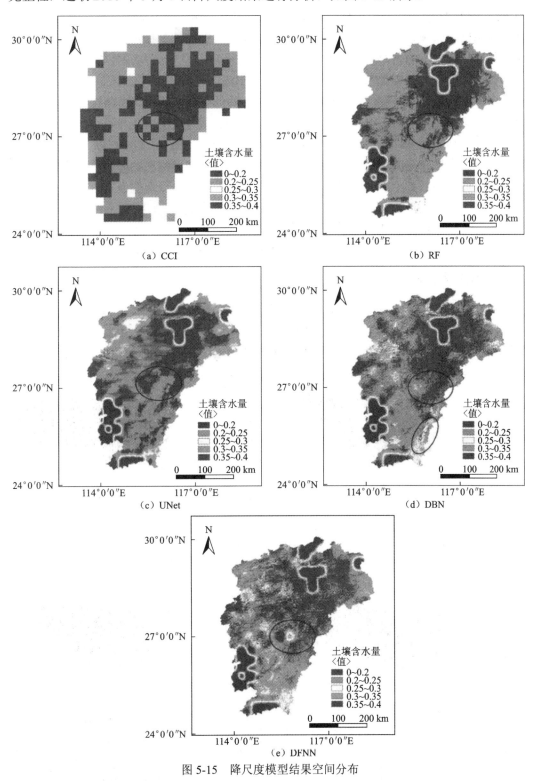

图 5-15 降尺度模型结果空间分布

在经过四种降尺度模型降尺度之后，降尺度土壤含水量总体上与原始 CCI 数据空间分布规律较为一致，在鄱阳湖体附近土壤含水量较高，江西省中部平原土壤含水量较低，在龙南市附近呈现土壤含水量低值。其中 RF 模型对空间细节描述较差，受到训练数据中经纬度间隔较大的影响及决策树模型的限制，其局部泛化能力与其他降尺度模型相比，不能很好地表达局部空间细节。UNet 模型通过图像二维卷积学习的方式，相对于 RF 模型结果有所改善，UNet 模型通过跳跃连接，在进行训练时融合了几何特征和数值特征，降尺度结果出现横向条带状，这是由于受到 LST 数据栅格几何特征的影响。DFNN 对空间细节的描述更加具体，降尺度结果具有较为丰富的空间细节。DBN 与 DFNN 结果的区别主要体现在研究区南部土壤含水量低值区域，DBN 模型输出的降尺度土壤含水量低值区域的分布与武夷山脉较为吻合。降尺度前 CCI 土壤含水量均值为 0.313 m³/m³，降尺度后平均土壤含水量变化较小，在鄱阳湖流域范围内均值为：UNet（0.316 m³/m³）>RF（0.315 m³/m³）>DBN（0.313 m³/m³）>DFNN（数据缺失）。降尺度模型输出结果与原始 CCI 均值偏差不明显，其中 DBN 模型降尺度结果均值与原始 CCI 数据偏差最小。

2. 不同模型降尺度结果精度分析

利用原始 CCI 土壤含水量数据集与降尺度模型结果进行对比评估，如图 5-16 所示。所选用的 4 种降尺度方法与原始 CCI 数据集存在较为显著的相关性，相关系数介于 0.561 2～0.708 2，均方根误差介于 0.027 8～0.032 5 m³/m³，偏差介于 0.008 0～0.012 8 m³/m³。

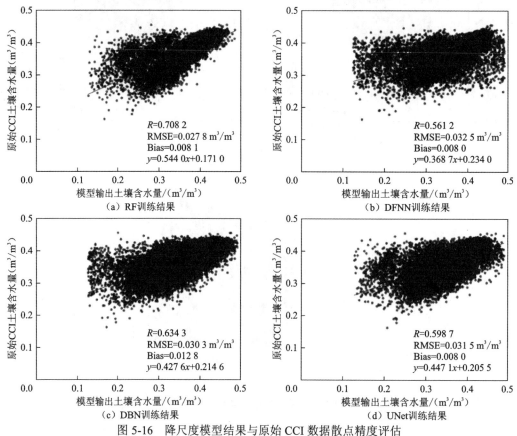

图 5-16　降尺度模型结果与原始 CCI 数据散点精度评估

其中 DBN 和 RF 模型输出结果与原始 CCI 土壤含水量相关系数较高，分别为 0.634 3 和 0.708 2，其次为 UNet 模型和 DFNN，相关系数分别为 0.598 7 和 0.561 2。对于均方根误差，DBN 和 RF 表现也较好，分别为 0.030 3 m³/m³ 和 0.027 8 m³/m³，UNet 模型和 DFNN 模型均方根误差分别为 0.031 5 m³/m³ 和 0.032 5 m³/m³。四种降尺度方法的绝对偏差值为 0.008 0 m³/m³ 左右，这表明降尺度模型输出结果相对于原始 CCI 土壤含水量存在一定程度的高估。在 DFNN、DBN、UNet 三种深度学习模型中，DBN 表现较好，与 DFNN 和 UNet 相比，相关系数更好且均方根误差更小。相对于 RF 算法，DBN 和 RF 相关系数相差 0.073 9，均方根误差相差 0.002 5 m³/m³，偏差相差 0.004 7 m³/m³。

通过地面观测站点对不同模型降尺度土壤含水量数据进行精度评价分析，如图 5-16 所示。对于四种降尺度模型与地面站点观测数据，在经过降尺度后得到土壤含水量相对于原始 CCI 数据，与地面站点之间的相关性略有减少。RF 模型与 52 个地面站点之间的相关性较高，站点数据相关系数中位数为 0.447，相关系数均值为 0.384。三种深度学习模型与地面站点相关系数的中位数较为一致，在 0.330 左右，其中 DBN 降尺度模型输出结果与地面站点之间的相关系数均值为 0.321，DFNN 和 UNet 模型与地面站点相关系数均值分别为 0.288 和 0.297。DBN 模型与 52 个地面站点数据相关性的上下限优于 DFNN 和 UNet 模型。在与地面站点的均方根误差分析中，四种降尺度模型与 CCI 数据和地面站点的均方根误差均值较为一致。其中 DFNN 均方根误差均值较高，为 0.113 m³/m³，其次为 UNet 模型和 DBN 模型，均方根误差均值为 0.106 m³/m³ 和 0.105 m³/m³，机器学习模型 RF 均方根误差均值为 0.102 m³/m³。相对于其他模型，DBN 模型和 RF 模型与站点数据均方根误差中位数较低，分别为 0.093 m³/m³ 和 0.096 m³/m³，原始 CCI 数据与地面站点数据均方根误差为 0.088 m³/m³。从偏差角度来看，DBN 模型相对于原始 CCI 数据与站点土壤含水量数据有所改善，原始 CCI 数据与站点数据的偏差均值为 0.065 m³/m³，DBN 模型与站点数据之间偏差的均值为 0.048 m³/m³，相对于其他两种深度学习模型和机器学习 RF 模型偏差均值较低。四种降尺度模型结果的偏差在绝大部分站点上都位于 0 以上，即降尺度结果存在一定的高估现象。

5.6　基于 ESSMI 的降尺度土壤含水量农业干旱监测应用

基于 5.5 节最优降尺度模型得出的 1 km 空间分辨率土壤含水量降尺度数据，计算鄱阳湖流域 2003～2019 年月尺度 ESSMI，结合旱灾统计年鉴与历史事件报道等信息，在鄱阳湖流域进行农业干旱监测，对受灾面积、干旱空间分布、干旱频率及干旱重心变化进行分析。

5.6.1　干旱指数计算

经过 DBN 模型降尺度后，将输出的 1 km 日尺度土壤含水量结果做月均计算，得到 2003 年 1 月至 2019 年 12 月共 204 景鄱阳湖流域降尺度 1 km 月土壤含水量数据。对该数据与原始 CCI 土壤含水量月尺度数据做残差校正，原始 CCI 土壤含水量月数据通过 GLDAS 进行 CDF 匹配校正和缺失值填补。对月尺度土壤含水量降尺度结果进行干旱指数计算。

干旱指数采用 ESSMI，将一段时间内同一位置观测到的土壤含水量进行标准化，根据土壤含水量拟合概率分布的百分位数得出，以土壤含水量的标准差为单位。ESSMI 指数与 SPI 等干旱指数原理类似，通过假设原土壤含水量时间序列满足特定分布，如伽马 （Gamma）分布，将累积概率函数转换为标准正态分布，所对应的自变量值用于表征土壤含水量在原始时间序列中的概率分布关系，从而对干旱或洪涝事件进行监测。ESSMI 的计算方法如下。

（1）获取 CCI 土壤含水量像元值 $x_{t1}, x_{t2}, \cdots, x_{tm}$ 时间序列的概率分布函数，其中 t 为时间尺度，如 1 个月、3 个月。

（2）根据概率分布函数计算 CCI 像元值在 x_{tm} 的不及概率（non-exceedance probability）。

（3）用经验累积分布函数 $F(x)$ 对 CCI 累积密度进行拟合。

（4）将拟合的累积分布函数转换成标准值为 0、方差为 1 的正态变量，得到 ESSMI。

其中经验累积分布函数 $F(x)$ 以核密度估计（kernel density estimation，KDE）无参数方法进行估计，计算公式如下：

$$F_h(x) = \frac{1}{nh} \sum_{i=1}^{n} K \frac{x - x_i}{h} \tag{5-8}$$

式中：K 为核函数；h 为带宽；x 为原 CCI 时间序列数据。对于拟合的经验累积分布函数 $F(x)$，核函数 K 通常使用非参数的高斯算子：

$$K(x) = \frac{1}{\sqrt{2\pi}} e^{-\frac{x^2}{2}} \tag{5-9}$$

最后，由于土壤含水量取值范围在（0,1），而累积分布函数取值范围为（$-\infty, +\infty$），为了保证计算前后取值范围内概率分布和相同，在计算 ESSMI 之前对降尺度结果进行转换：

$$t(x) = \lg\left(\frac{x}{1-x}\right) \tag{5-10}$$

以研究区内 113.0°E～113.01°E，30.50°N～30.51°N 区域为例，说明 ESSMI 的计算过程（图 5-17）。图 5-17（a）为根据 CCI 土壤含水量像元值时间序列概率分布函数得到的累积分布函数，图 5-17（b）为标准正态累积分布（std=1，mean=0）。图 5.17（c）为根据累积分布函数值在正态累积分布函数横轴上的对应值，计算得到相应 CCI 土壤含水量的 ESSMI 干旱指数。对降尺度土壤含水量所有像元进行上述处理，最终得到月尺度 ESSMI 空间分布图。

5.6.2 农业干旱判别方法

计算得到的 ESSMI 反映了降尺度土壤含水量在各个像元位置处的土壤含水量百分比分布水平，通过对 ESSMI 设置合适的阈值能够对农业干旱进行监测。Mckee 等（1993）将干旱事件的阈值按照土壤含水量累积分布概率百分比划分为 4 个等级：特旱（2.3%）、重旱（4.4%）、中旱（9.2%）、轻旱（34.1%）。

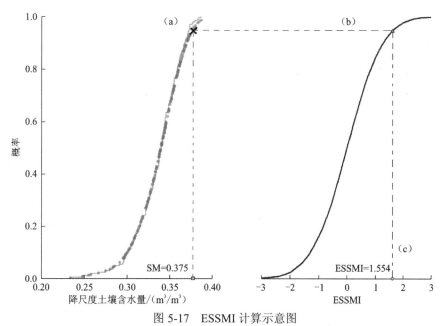

图 5-17 ESSMI 计算示意图

（a）计算获取土壤含水量 0.375 m³/m³ 的累积分布函数值，（b）按照土壤含水量累积分布函数值在正态累积
分布图中找到对应位置，（c）根据正累积分布图反向计算横轴坐标，得到 ESSMI

当在特定地区的土壤含水量位于相应的土壤含水量历史时间序列的分布范围时，将土壤含水量划分为相应的干旱或洪涝等级。本小节主要对农业干旱进行分析，因此只关注干旱等级所对应的 ESSMI 范围，干旱类别所对应的 ESSMI 值范围如表 5-9 所示。

表 5-9　ESSMI 农业干旱等级标准

干旱等级	ESSMI	概率百分比/%
轻旱	$-1.0<\text{ESSMI}\leqslant 0$	34.1
中旱	$-1.5<\text{ESSMI}\leqslant -1.0$	9.2
重旱	$-2.0<\text{ESSMI}\leqslant -1.5$	4.4
特旱	$\text{ESSMI}\leqslant -2.0$	2.3

5.6.3　基于 ESSMI 的鄱阳湖流域农业干旱监测

1. 农业受旱灾面积分析

农业受旱灾面积是指以年为单位，当年农作物因受到旱灾减产的农作物播种面积。其中农业受旱灾面积分为受灾面积、成灾面积和绝灾面积三类，分别表示作物产量因旱灾而减产 1 成、3 成和 8 成以上的面积。对研究区域鄱阳湖流域 2003～2019 年的受灾面积进行分析，如图 5-18 所示。其中受灾面积数据来自《中国农村统计年鉴》，取江西省受灾面积数据。通过深度学习模型输出的鄱阳湖流域内 1 km 降尺度土壤含水量，计算得到年 ESSMI 累计值，与受灾面积进行对比，从时间序列上分析 ESSMI 对干旱事件的表征能力。

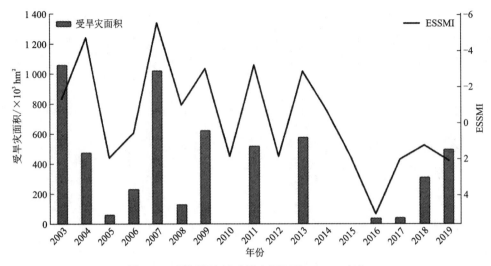

图 5-18　鄱阳湖流域受旱灾面积及 ESSMI 变化

在图 5-18 中，柱状图表示对应年份《中国农村统计年鉴》所统计的农业受灾面积，其中 2010 年、2012 年、2014 年和 2015 年江西省受灾面积由于数据原因没有记载。折线图表示当年内月尺度 1 km 土壤含水量数据 ESSMI 的累计值，ESSMI 大于 0 表示该年内较为湿润，小于 0 表示有干旱的倾向，因此在绘制折线图时将 ESSMI 坐标轴按照正向朝下，方便进行对比分析。从时间趋势上看，ESSMI 与受灾面积具有相似的变化趋势，如 2003～2007 年时间段和 2007～2009 年时间段，受灾面积先减少后增加，ESSMI 累计值也随之先升高后降低，二者的变化趋势基本一致。在 2003 年和 2007 年，江西省受农业旱灾面积达 100 万 hm² 以上，受灾面积大的年份，ESSMI 也较低，即表示更为干旱。综上表明，ESSMI 在鄱阳湖流域进行干旱监测分析具有可行性。

2. 农业干旱空间分布分析

为了进一步分析基于降尺度结果的 ESSMI 农业干旱监测分析的可用性，选取了 2007 年、2013 年、2019 年进行农业干旱空间分布分析。在年份的选取上，2007 年、2013 年和 2019 年鄱阳湖流域均发生了不同程度的干旱灾害，受旱灾面积达 60 万～100 万 hm²。通过降尺度得到的高分辨率土壤含水量数据计算得到的 1 km ESMMI 空间分布图，分析年内各月份的干旱分布，并通过江西省历史气象事件进行验证。

对于 2007 年鄱阳湖流域农业干旱情况（图 5-19），ESSMI 空间分布图反映出在 2007 年 10 月、11 月、12 月发生了大面积农业干旱。根据江西省气候中心发布的 2007 年十大气候事件，2007 年江西省年平均气温达历史最高值，为 19.0 ℃，在秋季江西省全境降雨量均值达同期最小值，为 42 mm。2007 年是厄尔尼诺现象发生的第二年，厄尔尼诺现象是指太平洋水温异常升高，通常平均每隔 3～5 年发生一次，持续时间为 1～2 年。厄尔尼诺现象的发生会影响赤道大气环流，从而对水汽蒸发、季风强度、台风运行等造成影响，使得降雨和气温发生异常。2007 年江西省旱灾开始于 8 月，从图 5-19 中可以看出，在 8 月和 9 月江西省小部分地区发生了中等程度的农业干旱。从 7 月初开始至 8 月中旬，江西省平均气温达 30.2 ℃，持续高温少雨天气 30 余天，但由于 8 月 20 日左右，受当年第9号台风"圣帕"影响,江西全省普降暴雨,持续了半个月的降雨,因此在8月ESSMI空间分布图中没有表现出明显的农业干旱现象。除自然条件的影响以外,人为因素也对农业干旱的分布情况有所影响。为了应对旱情,江西省的85个县市均展开了人工增雨抗旱工作,2007年夏秋季累积增雨量达12亿 m^3。10月至12月中旬,研究区域内平均降雨量为22 mm,相比历史同时间段降雨量均值减少了85%,发生了显著的气象干旱。由于降雨减少,土壤含水量异常偏低,其中抚州、新余、萍乡、吉安等地降雨量不足同期降雨量均值的10%,在10月ESSMI空间分布图中,对应江西省中西部地区发生了大面积特旱和重旱。此外,研究区域内流域水系也影响土壤含水量的空间分布。在降雨量减少的同时,鄱阳湖五大支流的水位也随之下降,鄱阳湖流域各支流水位从10月初开始持续下降,12月赣江水位达历史最低点13.63 m,在11月ESSMI空间分布图中表现为研究区域全境发生大面积特旱。2007年9~12月我国发生了不同程度的旱灾,在江南和华南地带旱情达50年一遇,2007年秋冬季研究区域ESSMI反映出了大面积特旱与历史气象情况基本一致。

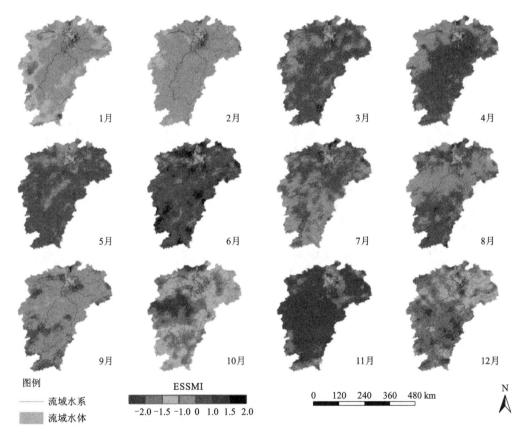

图5-19 鄱阳湖流域2007年ESSMI空间分布

对于2013年农业干旱情况,图5-20为2013年研究区域内ESSMI空间分布图。与2007年相比,2013年秋冬季农业干旱强度有所减小。2013年江西省平均气温为18.9 ℃,相比历史平均气温高0.9 ℃,为历史纪录第二位,仅次于2007年。2013年6月开始持续高温,鄱阳湖流域江西全省土壤含水量开始减少,ESSMI指数也逐渐下降,研究区域内逐渐显现干旱的趋势，在高温的影响下，9~11月研究区域内平均降雨量为66.8 mm，相比历史同时间段降雨量均值减少了2.7%。持续的高温少雨导致居民和农业生活用水量需求急剧增加，同期429座水库蓄水量开始减少，80余条河流水位降低或断流。根据江西省气象部门统计，7月初至8月11日，江西省高温天数为22~38天，其中上饶市高温天数最多，为38天，上饶市气温在该时间段内达到41℃以上。对比2007年，在9月ESSMI分布图中可以观察到鄱阳湖体周边及东部地区发生了中度和小部分重度农业干旱，其空间位置与上饶市地理位置基本吻合。鄱阳湖受到干旱的影响，水域面积持续减少，在11月收缩至1 375 km²，面积为10年间最小，ESSMI分布图反映的干旱趋势与之一致。随着鄱阳湖体水域面积减少，在10月鄱阳湖体周边发生了大范围重度农业干旱。在12月有15天左右，江西省中部和南部地区发生了罕见的冬季连续暴雨过程，总累积雨量约为85 mm，缓解了部分农业干旱情况。从12月ESSMI分布图中可见，研究区的中部区域ESSMI相比其他区域更高，这也表明了ESSMI的适用性。

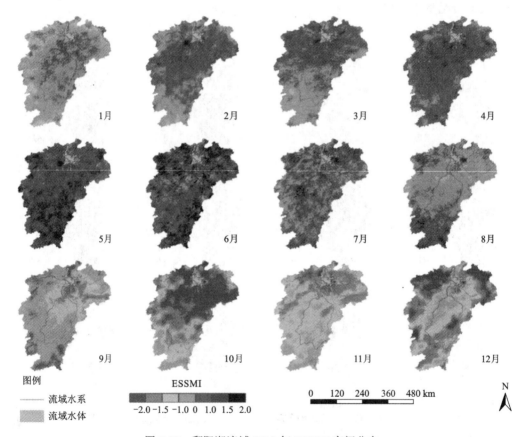

图5-20 鄱阳湖流域2013年ESSMI空间分布

对于2019年农业干旱情况，图5-21为2019年研究区域ESSMI空间分布图。2019年年平均气温与2013年持平，为18.9℃，年均气温为历史纪录第二位。与2013年相比，2019年的农业干旱情况发生得更早一些。9月ESSMI空间分布图中，研究区域内鄱阳湖体周边已经有部分地区发生中旱和重旱。鄱阳湖往年通常在10~11月进入枯水期，2019年鄱阳湖受到雨季降雨量减少影响，提前1个月进入了枯水期，因此9月鄱阳湖周边出现了部分农业干旱。江西省地区的台风数量一般为 3～6 个，2019 年影响江西省的台风数量只有一个，台风"白鹿"在 8 月下旬为赣南和赣西带来了暴雨，缓解了该地区的旱灾情况。7 月中旬至 10 月底，江西省平均降水量为仅 110 mm，与往年同时期相比减少约 70%，江西省 41 个县（市、区）将近半数地区的降水量达历史低值，11 月 ESSMI 分布图反映出大面积受旱灾影响区域。2019 年农业干旱情况与往年相比，总体受灾面积没有大幅度变化，但发生特旱事件的面积相比 2013 年得到了减少。

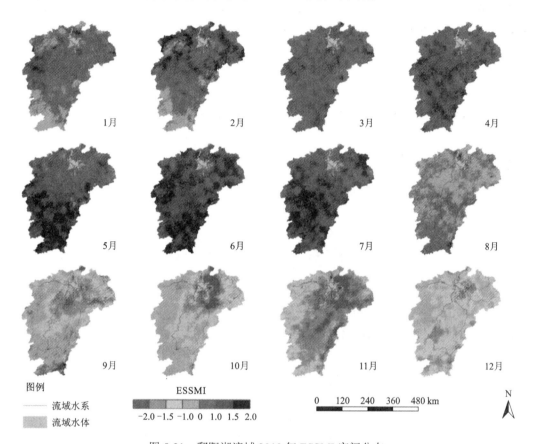

图 5-21　鄱阳湖流域 2019 年 ESSMI 空间分布

对综合干旱事件分布图进行总结，鄱阳湖流域农业干旱通常开始于 8 月，在秋冬季旱情达到顶峰。农业干旱发生的时间段通常在 9～12 月，其中干旱是由前期持续的高温少雨及降水不均匀导致的，同时受到自然因素和人为因素的影响，如厄尔尼诺现象等全球气候异常变化及台风对江西省带来的降雨，以及在旱灾发生之前进行人工降雨干预抗旱的人为影响。通过对 ESSMI 空间分布与同时期历史干旱事件的对比，该结果验证了降尺度土壤含水量结果在农业干旱监测应用的可行性和准确性。

3. 干旱频率分析

通过同一地理位置发生干旱事件的频率，分析鄱阳湖流域干旱的频繁程度。在计算干旱频率时，将土壤含水量栅格内各像元视作单独站点，统计 2003 年 1 月至 2019 年 12 月各像元 ESSMI 小于 0 的频率，得到分析鄱阳湖流域地区旱情频率图。计算公式为

$$F_i = \frac{n}{N} \times 100\% \qquad\qquad (5\text{-}11)$$

式中：F_i 为第 i 个像元的干旱频率；n 为该像元 204 个月内 ESSMI 小于 0 的次数；N 为研究时间段（204 个月）。

图 5-22 为鄱阳湖流域在研究时间段内月尺度干旱频率空间分布图。从图中能够看出，鄱阳湖流域发生干旱的频率为 42%～55%，这说明流域内干旱频发。其中在鄱阳湖流域中南部及中西部地区干旱频率相对其他地区较高，达到 55%。从空间上看，鄱阳湖流域干旱发生频率在不同支流上有所区别，支流沿逆时针方向分别为修河、赣江、抚河、信江、饶河及昌江。其中在各支流末端上发生干旱的频率较高，这说明支流与周边地区的土壤含水量有着一定的关联性。各支流中修水支流附近发生干旱的频率较高，而在鄱阳湖东侧抚河、信江等地发生干旱的频率较低。在东侧靠近鄱阳湖体的地区，干旱频率也较高，这表明鄱阳湖在研究时间段内旱情相对比较容易发生。

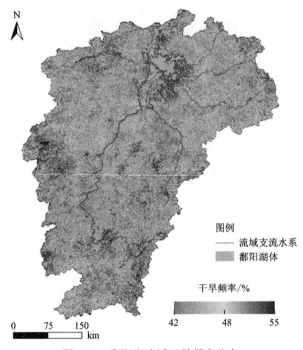

图 5-22　鄱阳湖流域干旱频率分布

4. 干旱中心迁移分析

干旱中心的地理位置分布表明了一段时间内干旱程度最高的地区。对干旱中心进行分析，有利于了解干旱事件发生的趋势。以 1 km×1 km 为基本单位，将鄱阳湖流域按照经度和纬度方向划分为 641 个和 697 个子区域。通过各子区域 ESSMI 最小值的位置变化情况，对鄱阳湖流域干旱中心迁移进行分析。

图 5-23 为 2003～2019 年鄱阳湖流域年尺度干旱中心迁移情况。在经度和纬度方向上，时间序列内鄱阳湖流域的干旱强度逐渐有所缓解。在经度方向上，鄱阳湖流域在 2003 年、2007 年及 2013 年所有经度上都发生了较大强度的干旱，以 2013 年为分界线，在这

之前干旱中心主要分布在 114°E 和 117.8°E 附近，分布对应宜春和上饶等地，在 2013 年以后，干旱中心主要聚集在 116.4°E 左右，对应鄱阳、鹰潭、抚州等地。从干旱中心经度迁移趋势上看，干旱中心总体向着研究区域中心聚集。在纬度方向上，在研究时间段早期鄱阳湖流域干旱中心主要分布在 26.3°N 左右的低纬度地区，对应吉安、广昌等地。在 2011 年以后，在纬度方向上干旱中心较为明显偏向于 29.0°N 以上，对应南昌、贵溪、景德镇等地，从干旱中心纬度迁移趋势上看，干旱中心的迁移方向总体向着高纬度地区进行移动。综合来看，干旱中心在 2019 年移动到了 116.0°E～117.2°E，28.8°N～30.5°N 位置，与鄱阳湖体地理位置较为接近。

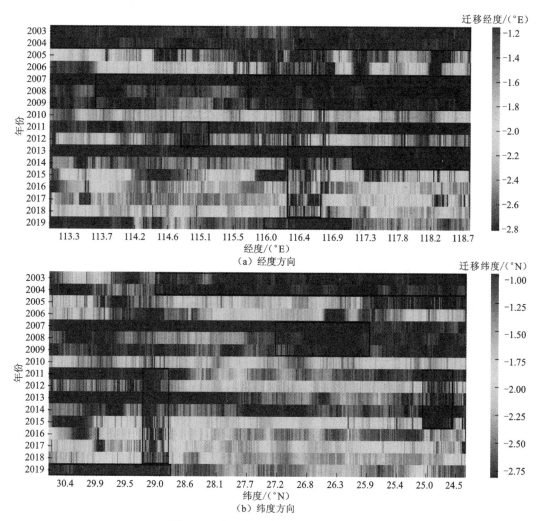

图 5-23 鄱阳湖流域干旱中心迁移分析

近年来鄱阳湖水体面积逐渐减少。通过 GEE 平台分析，鄱阳湖水体面积在 1989～2019 年呈现逐渐萎缩的趋势（姬梦飞 等，2021），面积从 1989 年 3 500 km² 逐渐减少至 2016 年 3 000 km² 左右。在 2000～2010 年，面积以每年 30 km² 的速率减少，2019 年冬季鄱阳湖体面积萎缩比例达 50%以上。干旱中心的迁移情况一定程度上反映了近二十年鄱阳湖体面积逐渐减少的原因。

第6章 农业干旱遥感综合分析

全球气候变化背景下，农业干旱问题突出。陆-气耦合过程被广泛关注以研究不同水文与气象变量之间的响应与反馈关系，揭示气候变化背景下极端高温、干旱与洪涝灾害等气候异常现象的内在机理。干旱作为影响农作物生产的最大自然灾害受到越来越多的关注，基于单一变量的干旱指数不足以反映农业干旱的真实情况，构建适用于监测农业干旱的综合农业干旱指数尤为重要。本章阐述利用微波遥感技术获取长时序、高空间覆盖土壤水分数据的优势，考虑土壤水分在农业干旱监测中的重要性，探索仅基于土壤水分数据的长江流域历史农业干旱时空演变规律。为了挖掘土壤水分记忆对干旱监测中滞后效应的影响，在研究长江流域土壤水分对气象变量时滞的基础上，构建综合农业干旱指数（CADI）。

6.1 农业干旱与农业干旱遥感

6.1.1 土壤水分

土壤水分指土壤非饱和层的含水率，是全球气候观测系统指定观测的基本气候变量之一，是陆地和土壤中生物赖以生存的重要物质源泉之一（唐国强 等，2015；Bojinski et al.，2014）。土壤水分作为气候系统的关键变量，在气候过程中发挥着不可或缺的作用，特别是在蒸散发、气温和降水方面，影响水、能量和生物地球化学循环（Seneviratne et al.，2010）。土壤水分是大气水的来源之一，通过陆地蒸发的过程，促进降水的发生，通过影响潜热和感热通量中能量的分布来影响蒸散发、气温和边界层稳定性（Seneviratne et al.，2010），是研究植物水分胁迫、进行旱情监测、农作物估产等的一个重要指标（黄友昕 等，2015）。在陆-气耦合背景下，土壤水分与蒸散、气温、降水等气象变量之间的相互作用越来越受到重视，这对干旱评估、生态系统管理、监测和预测相关气候过程具有重要意义。

6.1.2 农业干旱

农业干旱是指由长期降水不足导致土壤水分亏缺，进而引起的作物减产的现象（Mu et al.，2013），这将制约粮食生产，甚至引发全球范围的粮食安全问题。根据中国1978~2017年的农作物受灾面积数据，统计受旱灾、水灾、风雹灾、冷冻灾的农作物面积均值占总受灾面积的比例分别为53.04%、25.42%、10.49%、7.41%，由此可见影响农作物生长的自然灾害在很大比例上为旱灾（孔冬艳 等，2020）。

1. 干旱灾害定义与分类

干旱灾害是一种水文气候极端现象，其发生频率高、范围广，对自然、社会和经济环境产生巨大的影响。干旱的发生不仅与气候区的长期气候条件、降水量、气温等自然因素有关，还与土地利用类型和人为因素等有关，在气象、水利、生态、农业等学科具有不同侧重的定义。根据干旱灾害的影响领域可将干旱的类型分为 4 种，包括气象干旱、农业干旱、水文干旱和社会经济干旱（Mishra et al.，2010；Dracup et al.，1980）。其中，气象干旱主要以降水和蒸散发为指标，反映了由于降水和蒸散发的不平衡而造成的水分亏缺现象；农业干旱主要以土壤水分和植物生长状态为指标，反映了土壤水分低于植物需水量的程度；水文干旱主要以河流径流或含水层水位为指标，反映了径流量低于正常值或含水层水位下降的现象；社会经济干旱是指水资源短缺影响自然系统和人类社会经济系统生产、消费等社会经济活动的现象。上述各类干旱之间有着严格的定义区分，但干旱本质内涵是降水不足引起的各应用领域缺水现象，且各类干旱之间可能存在时间上的继发关系，因此它们之间存在复杂的联系。由于降水量的减少，通常最先发生的是气象干旱，随着陆地土壤和水域中的水持续蒸发，农业干旱和水文干旱继而发生，而上述干旱均可能引发社会经济干旱（刘宪锋 等，2015）。

2. 农业干旱指数与农业干旱评估

为了定量评价干旱的强度、持续时间和空间程度等干旱特征，常用干旱指数来识别和监测干旱状况并划分干旱等级。到目前为止，学者已经为各种干旱类型开发了近 100 种干旱指数（刘宪锋 等，2015；Heim，2002）。其中，三个最常用的基于一个或多个水文气象变量的干旱指数，包括帕尔默干旱指数（PDSI）（Palmer，1965）、标准化降水指数（SPI）（McKee et al.，1993）和标准化降水蒸散指数（SPEI）（Vicente-Serrano et al.，2010），被广泛应用于干旱监测。选用合适的干旱指数在干旱特征及分析方法方面取得了较多的研究成果。曹永强等（2014）修正了帕尔默干旱指数以适应我国黄河流域的自然条件特征，来反映黄河流域的农业干旱情况；曹博等（2018）基于长江中下游流域气象站点的逐日气温和降水数据，利用标准化降水蒸散指数，对长江流域中下游地区近 55 年不同时间尺度的干旱变化趋势、站次比、强度和频率进行了分析；黄梦杰等（2020）在 SPI 的基础上发展了非平稳标准化降水指数，并与传统 SPI 对比分析长江流域历史干旱时空变化特征。由此可见，构建一个稳健的农业干旱指数对了解农业干旱的演变、评估农业干旱风险和决策具有重要意义。

土壤水分记忆原因引起的作物对降水不足的滞后响应，使得上述干旱指数在农业干旱评估中面临适用性不足的挑战。Zhao 等（2018）的研究表明，农业干旱在时间上存在滞后于上述指标的现象。为了监测农业干旱，土壤水分数据通常用于干旱指数的构建，微波遥感技术的发展使得获取全球表层土壤水分数据成为可能。虽然农业种植所需的水通常为根区土壤水分，但已有研究表明，表层土壤水分信息与根区土壤水分信息是相关的，这降低了干旱指数构建与干旱评估过程中的不确定性（Sanchez et al.，2016）。

近年来，许多学者提出了综合土壤水分数据的多元综合干旱指数（Wang et al.，2018a；Sanchez et al.，2016；Huang et al.，2015）。Huang 等（2015）应用变量模糊集理论构建了基于降水、径流和土壤水分因子的综合干旱指数（integrated drought index，IDI），并通过熵权法确定了各因子的权重，应用于黄河流域，由于 IDI 结合了不同干旱相关变量的信息，其与标准化降水指数和标准化径流指数相比表现更好，说明构建干旱指数对多变量因子输入具有很大的贡献。Sanchez 等（2016）基于地表气温与植被条件的反向关系，考虑植被对土壤水分的响应，将土壤水分设为乘数因子，构建了土壤水分农业干旱指数（soil moisture agricultural drought index，SMADI），应用于欧洲伊比利亚半岛，发现 SMADI 的结果与其他农业指数相比较好，证实了土壤水分在农业干旱监测中作为输入变量的重要性。

6.1.3 陆-气耦合

陆-气耦合是地球气候系统中重要的循环、反馈过程，其中能量、水分及物质循环对于调节气候系统起着至关重要的作用（王健，2018），是农业干旱研究中的重要一环。陆地是地球气候系统重要而复杂的组成部分，陆面变量（如土壤水分、土壤气温、地表反照率或植被等）的变化会对区域甚至全球的气象变化产生直接影响，另外，陆面变量自身的变化还会影响一系列中间变量（如蒸散发），从而影响地表吸收的净辐射在感热、潜热通量间的分配，改变大气边界层内的温、湿廓线，而后再通过不同物理过程影响大气，如气温、潜在蒸散发、降水的变化（Seneviratne et al.，2010；Trenberth et al.，2009）。其中土壤水分异常在陆-气耦合过程中起着重要作用（曾毓金 等，2015）。陆-气耦合被广泛应用于流域水文预报/模拟、气象灾害等方面。Koster 等（2004）、Guo 等（2006）研究发现，在干旱和潮湿条件下，土壤水分和蒸散的耦合关系对气候影响不大，只有在干旱与湿度的过渡情况下，即土壤含水量在 $0.2 \sim 0.3 \ \mathrm{m}^3/\mathrm{m}^3$，土壤水分与蒸散发之间才会发生强耦合关系。Dirmeyer（2011）、Denissen 等（2021）研究发现，当土壤水分限制用于蒸散的潜热通量时，更多的能量将用于升高气温，这一耦合模式将引发极端高温和热浪。Seneviratne 等（2013）研究发现，在湿润地区发生的降水水汽可能来自海洋，但引发降水事件的原因可能与湿土壤水分条件引起的边界层不稳定性增加有关。

土壤中储存的水分是陆地总水量的一个重要部分，土壤水分在陆-气耦合过程中发挥作用时具有一些典型的特征。其中，土壤水分的记忆特征是指土壤能够记住干燥或潮湿大气的异常情况，并且异常的土壤水分可以持续几个月，进而在接下来几个月内保持低或高的蒸散异常（Wu et al.，2004；Koster et al.，2001）。Seneviratne 等（2010）对气候变化背景下土壤水分与降水、气温、蒸散发之间的相互作用进行了系列总结，发现土壤水分与蒸散发、降水和气温等气象变量之间的耦合可能存在时间上的滞后效应，一段时间的强降水可能对土壤水分有正向影响，而蒸发或其他水文过程，如径流、入渗可能需要数周或数月才能消除这种正向异常影响，对于土壤水分干旱异常，耗散异常也需要相应的时间。此外，大量研究表明，区域气候条件会影响两个相关变量之间的滞后时间（Lo et al.，2021；Haga et al.，2005；Koster et al.，2004；Wu et al.，2004）。

6.1.4　研究区域概况

长江是中国最长的河流，也是世界第三长的河流，全长约 6 380 km。长江流域（24°30′N～35°45′N，90°33′E～122°25′E），横跨 19 个省（自治区、直辖市），流域内气候类型包括青藏高寒区、西南热带季风区和华中亚热带季风区，自西北至东南依次为半干旱区、半湿润区、湿润区，总面积为 1.8×10^6 km²，占中国国土面积的 18.83%，海拔高度自东向西的变化范围是 -142～7 143 m（Lu et al.，2019；Zhang et al.，2010）。长江流域水资源较丰富，但时空分布不均匀，自西向东年均降水量为 500～2 500 mm，冬季（12～次年 1 月）降水量全年最少，春季（3～5 月）开始降水量逐渐增加，60% 以上的降水集中在 5 月、6 月、9 月，8 月主要雨区已推移至长江上游，长江下游受副热带高压控制，雨量较少，易发生伏旱。长江流域温度呈东高西低、南高北低的分布趋势，整体平均气温在 4～24 ℃，长江源地区是全流域气温最低的地区，而四川盆地、云贵高原和金沙江河谷等地则形成高温封闭中心。独特的自然资源条件（包括光、热、水和土壤）有利于该地区的农业发展，长江流域有 6 个主要的粮食产区，成都平原、江汉平原、洞庭湖流域、鄱阳湖流域、巢湖和太湖流域都有中国主要的商品粮基地（Xu et al.，2019），长江流域的夏季作物包括早稻、棉花，秋季作物包括晚稻、冬小麦和油菜，但长江流域也是干旱易发区域（尹国应 等，2022）。综合 DEM、气候条件和地表特征，本节将长江流域划分为上部、中部和下部三个区域（图 6-1），这三个区域气候条件的剧烈空间异质性对农作物的产量有重大影响。

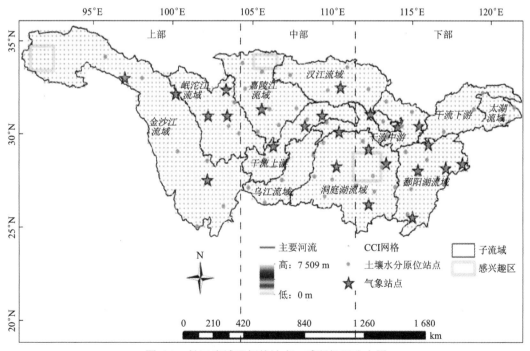

图 6-1　长江流域及相关站点、感兴趣区分布图

6.2 数据处理与方法建构

6.2.1 多源监测数据

1. 卫星遥感数据

本章使用欧洲空间局气候变化倡议（ESA CCI）发布的全球地表土壤水分多卫星合成产品（https://www.esa-soilmoisture-cci.org/node/145），简称 CCI 土壤水分数据集。该数据集空间分辨率为 0.25°×0.25°，时间分辨率为 1 天，可观测到表层（2~5 cm）土壤水分。该数据集融合了多种主动微波土壤水分产品（ERS-1/2 AMI-WS 及 MetOp-A/B ASCAT）及被动微波土壤水分产品（Nimbus7 SMMR、DMSP SSM/I、TRMM TMI、Aqua AMSR-E、Coriolis WindSat、SMOS 及 GCOM-W1 AMSR-2），并采用累积分布函数匹配的方法，将主被动微波土壤水分产品融合得到长时序主被动微波合成土壤水分产品，是目前时序最长的土壤水分产品，在全球范围内得到了广泛的验证与应用（Dorigo et al.，2017）。本节采用的 CCI 土壤水分数据集为 V04.7 版本，包括主动微波、被动微波和主被动微波合成产品三类数据。产品格式为 NetCDF-4，坐标系为 WGS84。选取 1979 年 1 月 1 日至 2019 年 12 月 31 日为研究时段，裁剪出研究区内的数据，在长江流域共有 2540 个网格点（图 6-1）。

2. 原位实测数据

原位实测数据均来自中国气象数据网（http://data.cma.cn/），包括 54 个表层土壤水分实测数据（图 6-1 中土壤水分原位站点），24 个小型蒸发皿的蒸发数据（图 6-1 中气象站点），0.5°×0.5° 每月降水和气温数据，270 个气象站点的日照时间（h/d）、平均气温（℃）、平均最低气温（℃）、平均最高气温（℃）、平均风速（m/s）、平均水汽压（hPa）、平均相对湿度（%）。

利用表层土壤水分实测数据对 CCI 土壤水分产品进行适用性检验，数据源于中国气象数据网由国家气象科学数据中心发布的"中国农作物生长发育和农田土壤水分旬值数据集"，该数据集包含了 1991 年 5 月至 2006 年 2 月中国农业气象站观测的旬值 10 cm 土壤相对湿度。长江流域土地利用类型和土壤类型复杂多样，为更有效地对 CCI 产品进行检验，本章选择 54 个实测站点上旬数据进行检验，保证长江流域每一子流域包含 5~7 个实测站点，实测站点所在位置的土地利用类型主要为耕地、草地、林地，土壤类型包含高山土、（半）淋溶土、人为土、初育土、铁铝土、半水成土。

小型蒸发皿的蒸发数据用于对彭曼公式计算所得的潜在作物蒸散发进行适用性检验，数据源于中国气象数据网由国家气象科学数据中心发布的"中国地面气候标准值月值数据集（1981~2010 年）"。

每月降水和气温数据来自中国气象数据网由国家气象科学数据中心发布的 1961 年至最新的全国国家级台站（基本站、基准站和一般站）的 0.5°×0.5° 像素网格月值资料（V2.0）。为了保证与 CCI 土壤水分数据的空间分辨率保持一致，利用 ArcGIS 插值工具将其插值为 0.25°×0.25°。

气象站点的日照时间（h/d）、平均气温（℃）、平均最低气温（℃）、平均最高气温（℃）、平均风速（m/s）、平均水汽压（hPa）、平均相对湿度（%）数据用于计算彭曼公式并获得月尺度潜在作物蒸散发，数据来源于中国气象数据网由国家气象科学数据中心发布的"中国地面气候资料月值数据集"，并利用 ArcGIS 插值工具将潜在作物蒸散发插值为 0.25°×0.25°。

3. 辅助数据

本章使用植被健康指数（VHI）数据与本章构建的农业干旱指数进行相关性分析，该数据由美国国家海洋和大气管理局（NOAA）卫星应用和研究中心发布（https://www.star.nesdis.noaa.gov/smcd/emb/v ci/VH/vh_ftp.php），是已验证的全球 4 km 7 天指数。VHI=$a \cdot$VCI+（1–a）$\cdot$TCI，其中 a 是确定两个指标的贡献的系数，因为 VHI 可以表征植被健康或对湿度和热状况进行综合估算，所以被广泛用于表征干旱（Salim et al.，2009）。利用 ArcGIS 插值工具将潜在作物蒸散发插值为 0.25°×0.25°。

本章选取作物受灾面积用于验证干旱指数在监测农业干旱方面的效果，作物受旱灾面积是指因年内发生干旱，致使作物产量比正常年份减少 10% 以上的农作物播种面积。1984~2018 年长江流域部分省市（四川省、重庆市、湖北省、湖南省、江西省）的农作物受旱灾面积数据来自《中国农村统计年鉴》中的各地区受灾和成灾面积小节，以省（市）为单位，时间分辨率为 1 年，均可从中国知网下载得到。

6.2.2 常用方法

1. 皮尔逊相关分析

皮尔逊相关分析是常用的相关分析方法（姚晓磊 等，2019），可用于描述两个随机变量之间的线性相关程度。皮尔逊相关系数（R）的计算公式如下：

$$R = \frac{\sum_{i=1}^{n}(A - \overline{A})(B - \overline{B})}{\sqrt{\sum_{i=1}^{n}(A - \overline{A})^2 \cdot \sum_{i=1}^{n}(B - \overline{B})^2}} \quad (6-1)$$

式中：A 与 B 为两个具有相关性的随机变量；R 的值越接近 1（–1），线性正（负）相关越强，R 越接近 0，两个变量之间的线性相关性越差。

2. 森斜率和 M-K 趋势分析

M-K（Mann-Kendall）趋势和森斜率趋势分析都是非参数统计检验方法，是水文时间序列趋势检测中广泛使用的方法（Fuentes et al.，2020；Allen et al.，1998）。二者的统计量为正时均表示具有增大趋势，为负时均表示具有减小趋势。森斜率常和 M-K 检验结合对趋势变化进行显著性检验，可以在一定程度上提高趋势判断的准确性。

M-K 检验的检验统计量 S 定义为

$$S = \sum_{i=2}^{n} \sum_{j=1}^{i-1} \text{sign}(X_i - X_j) \tag{6-2}$$

式中：sign( )为符号函数，当 $X_i - X_j$ 小于、等于或大于零时，$\text{sign}(X_i - X_j)$ 分别为-1、0、1；S 为正态分布，其均值为 0，方差 Var(S)=$n(n-1)(2n+5)/18$。

统计量 S 大于、等于、小于 0 时，Z 值分别为

$$\begin{cases} Z = (S-1)/\sqrt{n(n-1)(2n+5)/18}, & S > 0 \\ Z = 0, & S = 0 \\ Z = (S+1)/\sqrt{n(n-1)(2n+5)/18}, & S < 0 \end{cases} \tag{6-3}$$

对于给定的置信水平 α，若$|Z| \geqslant Z_{1-\alpha/2}$，则在置信水平 α 上，时间序列数据存在明显的上升或下降趋势。Z 为正值表示上升趋势，为负值表示下降趋势。Z 的绝对值在大于或等于 1.96、2.58 时分别表示通过了信度 95%、99%显著性检验，Z 的绝对值大于 2.58 表示趋势非常显著，1.96～2.58 表示趋势显著，0～1.96 表示趋势缓慢（Wang et al., 2018b）。

森斜率趋势分析方法选择通过将成对点的所有线的斜率的中值将线拟合到平面中，用来描述时间序列趋势变化程度，时间序列不需要满足任何分布，并且允许异常值或缺失值的存在。对于时间序列 X_j 和 X_i，森斜率趋势度 β 计算公式为

$$\beta = \text{median}\left(\frac{X_j - X_i}{j - i}\right), \quad \forall j < i \tag{6-4}$$

若 β 值为正，则时间序列呈上升趋势；若 β 值为负，则时间序列呈下降趋势。

3. 广义可加模型

广义可加模型（generalized additive model，GAM）是由数据驱动而非统计分布模型驱动的非参数回归模型，可同时对部分解释变量线性拟合，且对其他解释变量进行光滑函数拟合。模型不需要预先设定参数，通过解释变量的平滑函数建立，能够自动选择并拟合出合适的多项式，从而模拟响应变量和预测变量之间的关系（Hastie et al., 1986）。使用 R 语言 mgcv 库中的 gam 函数可以方便地构建 GAM 模型，模型方程如下：

$$g(\text{sm}_i) = \beta_0 + s(\text{pre}_i) + s(\text{tem}_i) + s(\text{ET}_{0i}) + \varepsilon \tag{6-5}$$

式中：i 为站点位置；s 为平滑函数，本节默认为样条函数；sm_i 为该位置的土壤含水量（m^3/m^3）；pre_i 为降水量（mm）；tem_i 为气温（℃）；ET_{0i} 为蒸散发（mm）；ε 为残差；β_0 为总平均响应。评价指标包括 F 值、p 值、有效自由度（EDF）、偏差解释率。F 统计值可以判断对响应变量影响最重要的因子，F 统计值越大，其相对重要性越大；p 是用来判断假设检验结果显著性的参数，p 值越小，表明结果越显著；当 EDF 为 1 时，函数为线性方程，表明解释变量与响应变量间具有某种线性关系，当 EDF 大于 1 时，函数为非线性曲线方程，表明解释变量与响应变量间具有某种非线性关系，且 EDF 值越大，非线性关系越显著；偏差解释率在 0～1，数值越大，模型回归拟合越好。

4. 交叉小波分析

地球物理时间序列通常是由复杂系统产生，时间序列中的可预测特征，如趋势和周

期性中蕴含着潜在的知识，大多数检查频域周期性的传统数学方法，如傅里叶分析，假设时间序列在时间上是平稳的。在傅里叶分析的基础上，小波变换将时间序列扩展到时频空间，可以发现局部的间歇周期性。连续小波变换（continuous wavelet transform，CWT）可以揭示时间函数中不同频率成分在局部时域中的振幅、位相和功率谱特征，是时频分析的有效工具，适用于特征提取。当分析两个可能具有相关关系的时间序列时，这两个时间序列可能以某种方式联系在一起，特别是，时频空间中具有共同大功率的区域是否具有一致的相位关系，可能暗示时间序列之间的因果关系。从两个小波变换出发，构造交叉小波变换（cross wavelet transform，XWT），可以揭示它们在时频空间的共同大功率区和相位关系，进一步可以定义两个 CWT 之间的小波相干度（wavelet coherence，WTC），WTC 可以发现显著的相干性，即使共同功率很低（Grinsted et al.，2004）。

小波变换中，小波是落在局部时间域 Δt 和局部频率域 $\Delta \omega$ 上均值为零的函数，一种经典的小波函数——Morlet 小波函数被定义为

$$\psi_0(\eta) = \pi^{-1/4} e^{i\omega_0 \eta} e^{-\frac{1}{2}\eta^2} \tag{6-6}$$

式中：ω_0 为量纲一的频率域；η 为量纲一的时间域。当使用小波变换进行特征提取时，Morlet 小波（$\omega_0=6$）是一个很好的选择，因为它在局部时间域和频率域之间做了很好的平衡。

小波变换的思想是将小波函数作为带通滤波器应用于时间序列。通过改变小波的尺度（s），小波在时间域上被拉伸，使得 $\eta=s \cdot t$，并将其归一化，以获得单位能量。对于一个时间步长为 δ_t 的时间序列（$x_n, n=1,\cdots,N$），定义小波变换为

$$W_n^X(s) = \sqrt{\frac{\delta t}{s}} \sum_{n'=1}^{N} x_{n'} \psi_0\left[(n'-n)\frac{\delta t}{s}\right] \tag{6-7}$$

小波功率为 $\left|W_n^X(s)\right|^2$，$W_n^X(s)$ 的复数部分可以解释为局部相位。

交叉小波变换的思想是设 $W_n^X(s)$、$W_n^Y(s)$ 分别为两个时间序列 X 和 Y 的连续小波变换，定义它们的交叉小波谱为 $W_n^{XY}(s) = W_n^X(s)W_n^{Y*}(s)$，其中"$*$"表示复共轭，$\left|W_n^{XY}(s)\right|$ 表示交叉小波功率谱密度，其值越大，表明 X 和 Y 具有共同的高能量区，具有显著的相关关系。小波相干是用来度量两个时间序列在时频空间中的局部相关密切程度，因为对于交叉小波功率谱中的低能量值区，两者的相关性也有可能很显著。定义两个时间序列 X 和 Y 的小波相干谱为

$$R_n^2(s) = \frac{\left|S(s^{-1}W_n^{XY}(s))\right|^2}{S(s^{-1}\left|W_n^X(s)\right|^2) \cdot S(s^{-1}\left|W_n^Y(s)\right|^2)} \tag{6-8}$$

该定义与相关系数的思想相似，是两个时间序列在某一频率上振幅的交叉积与各个振动波的振幅乘积之比，这里 S 是平滑器（Grinsted et al.，2004）。

交叉小波变换和小波相干的相位关系用箭头表示，箭头方向向右表示 X 与 Y 具有正相关关系，箭头方向向左表示 X 与 Y 具有负相关关系，其他角度乘以周期表示时间差。当箭头水平向右时，表示两信号相位一致（即呈正相关关系），相位差为 0 个周期；箭头向下，表示两信号相位相差 1/4 个周期；箭头向左，表示两信号相位相差 1/2 个周期（即呈负相关关系）；箭头向上，表示两信号相位相差 3/4 个周期。

6.3 基于长时序土壤水分的长江流域农业干旱时空演变

6.3.1 土壤水分数据验证

本节提取1991年5月至2006年2月的主动、被动、主被动合成CCI土壤水分产品上旬均值数据，与54个实测站点数据进行对比分析，结果如图6-2所示。图6-2（a）为各站点相关系数的箱形图，其中，ESA CCI的主动、被动和合成产品与原位土壤水分的相关系数中值分别为0.47、0.14和0.55，合成产品与原位土壤水分相关性最强。图6-2（b）为乐平（28.58°N，117.08°E）站点2015年每日土壤水分绝对值的时间序列。由于原位土壤水分数据有一些缺失，其有效数据天数为336天。被动产品有大量的数据缺失，主动、被动和合成产品的有效数据百分比分别为80.95%、60.71%和80.95%。主动、被动和合成土壤水分均高于原位土壤水分，此外，主动和被动产品高于合成产品，这可能与土地覆被和环境条件有关，CCI产品在长江流域具有系统性高估现象。在全球其他研究区内也具有相似的高估现象（González-Zamora et al.，2019）。图6-2（c）～（e）为遥感土壤水分与原位土壤水分的散点图，其中消除系统偏差后合成产品RMSE达到土壤水分产品误差精度要求0.05 m³/m³。总体上，合成产品的相关系数中位数最高，决定系数R^2较高，RMSE和Bias最小，表明合成产品在长江流域中具有最好的适用性。因此，本节选择CCI合成产品进行后续实验。在处理数据的过程中，在特定的时间发现了显著的数据空缺，尤其是在冬季和高纬度地区，这是因为冻土或积雪条件下水的介电特性发生了显著变化，导致微波反演的间歇性失效。因此，本章通过计算月平均数据的方式来弥补数据的缺失。

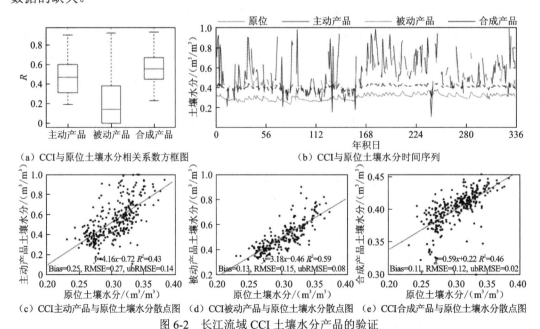

（a）CCI与原位土壤水分相关系数方框图　　（b）CCI与原位土壤水分时间序列

（c）CCI主动产品与原位土壤水分散点图　（d）CCI被动产品与原位土壤水分散点图　（e）CCI合成产品与原位土壤水分散点图

图6-2　长江流域CCI土壤水分产品的验证

6.3.2 基于 ESSMI 的长江流域干旱判别方法

经验标准化土壤水分指数（ESSMI）的计算方法如下：首先，选取一个概率密度函数对长时序的土壤水分数据 $x_{t1}, x_{t2}, \cdots, x_{tn}$ 进行拟合，其中 n 为年份，t 为不同时间尺度；其次，使用拟合得到的概率密度函数计算土壤水分值 x_t 所对应的累积概率 $F(x_t)$；最后，将累积概率 $F(x_t)$ 转换为标准正态变量 Z（均值为 0 且方差为 1），即可得到 ESSMI（Carrão et al.，2016）。为了对比不同分布函数在研究区的适用性，本小节对比非参数的基于核密度估计（KDE）的经验概率密度函数、基于 Gamma 分布和 Normal 分布的概率密度函数的拟合优度。使用 MATLAB 软件中的 Distribution Fitter 工具箱对土壤水分数据的概率分布进行拟合。

本小节以 116.75°E～117°E，33.5°N～33.75°N 像素点为例对比 KDE、Gamma、Normal 分布函数与 CCI 土壤水分年均值累积分布的拟合效果（图 6-3）。由图 6-3 可知，基于 KDE 的累积概率曲线与实际累积概率最为接近，在土壤水分值的整个分布范围内，KDE 概率密度函数的拟合效果都是最好的，尤其是在土壤水分低值区 0.22～0.28 m^3/m^3，这对研究土壤的干旱程度较为有利。而 Gamma 分布与 Normal 分布概率密度函数的累积概率曲线类似，均不能十分准确地表示土壤水分样本观测值的实际累积概率。因此在接下来的实验中均采用基于 KDE 概率密度函数对不同时间尺度的 CCI 土壤水分时序数据进行拟合，并将累积概率转换为标准正态变量 Z，即可得到经验标准化土壤水分指数 ESSMI。

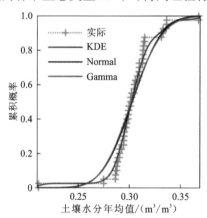

图 6-3　CCI 年平均土壤水分的实际累积概率及拟合累积概率曲线

McKee 等（1993）指定，每个地区在 9.2%的时间处于中旱，4.4%的时间处于重旱，2.3%的时间处于特旱，其提出的干旱强度阈值水平被世界气象组织选中并推荐使用，目前已被全球范围内的众多应用采用（Carrão et al.，2016）。因此，本小节确定长江流域农业干旱等级对应的 ESSMI 取值范围，如表 6-1 所示。

表 6-1　干旱类别对应的 ESSMI 值及发生概率

ESSMI	类别	发生概率/%
-1.0～0	轻旱	34.1
-1.5～-1.0	中旱	9.2

ESSMI	类别	发生概率/%
-2.0~-1.5	重旱	4.4
≤-2.0	特旱	2.3

6.3.3 长江流域干旱的时空变化分析

1. 年际变化特征

1979~2019 年长江流域年尺度 ESSMI 空间分布如图 6-4（a）所示，对正 ESSMI 正值也参照表 6-1 进行了分类，其中 1988 年、1989 年、1990 年和 2004 年 CCI 土壤水分数据缺失较多。总体来看，各个年份长江流域的 ESSMI 值差异较大，高值和低值在空间上聚集，ESSMI 值类似的年份在时间分布上聚集，说明在研究时段内，长江流域某些地区出现了连涝或连旱的现象，这可能与较大尺度的气候因子有关。ESSMI 对极涝灾害的捕捉效果并不是很好，比如 1998 年发生的特大洪水在图上并没有体现，这是因为 KDE 概率密度函数在土壤水分高值区拟合效果较差，而且土壤水分高于一定值时会达到饱和状态。相邻格网之间的 ESSMI 值过渡平滑，因此 CCI 土壤水分产品为长江流域提供了很好的农业干旱历史数据集。整体来看，干旱集中在金沙江流域、岷沱江流域、嘉陵江流域、汉水流域和长江上游，这些地区位于湿润地区西北部、半湿润地区及半干旱地区，干旱可能是由降水少、气温高的共同作用导致的，长江流域东部大部分地区湿润与该地区的降水较多密切相关。长江流域发生各等级农业干旱面积的年际变化如图 6-4（b）~（e）所示，呈先升高后下降的波动趋势。

为了揭示长江流域农业干旱的周期特性，设计 1979~2019 年长江流域农业干旱发生面积的小波分析实验，结果如图 6-5 所示。小波系数（实部）时频分布显示，Morlet 和 ComplexMorlet 小波变换比 MexicanHat 小波变换在尺度上更加精细，Morlet 小波系数的模值显示，1~8 年和 11~30 年时间尺度的分级明显；小波系数的模平方显示，11~30 年时间尺度的能量最强、周期最显著，1~8 年时间尺度次之；小波方差可用来确定农业干旱演化过程中存在的主周期，图中存在 4 个明显的峰值分别是 12 年、22 年、28 年、32 年。28 年的周期振荡最强，为流域农业干旱变化的第一主周期，12 年、22 年、32 年的周期振荡强度相似，并列为第二周期，因此上述四个周期交替控制着长江流域的农业干旱。

为了揭示长江流域干旱中心在空间位置上的迁移情况，以 0.25°×0.25° 为基本单元，将长江流域沿纬度方向和经度方向分别划分为 44 个及 128 个子区域，统计每个子区域内每年 ESSMI 的最小值，选择重旱（-2.0≤ESSMI≤-1.5）表征干旱中心的迁移情况，结果如图 6-6 所示。由图可见，在纬度方向上，早期重旱集中于高纬度地区，在 2015 年附近所有纬度方向均发生了重旱，在经度方向上，早期重旱在经度方向分布上零散分布且集中在西部，2015 年附近在 110.5°~118.5° 发生了连续的重旱，这说明除 2015 年附近发生了较为严重的大范围干旱之外，还显示出重旱有向低纬东经转移的趋势。

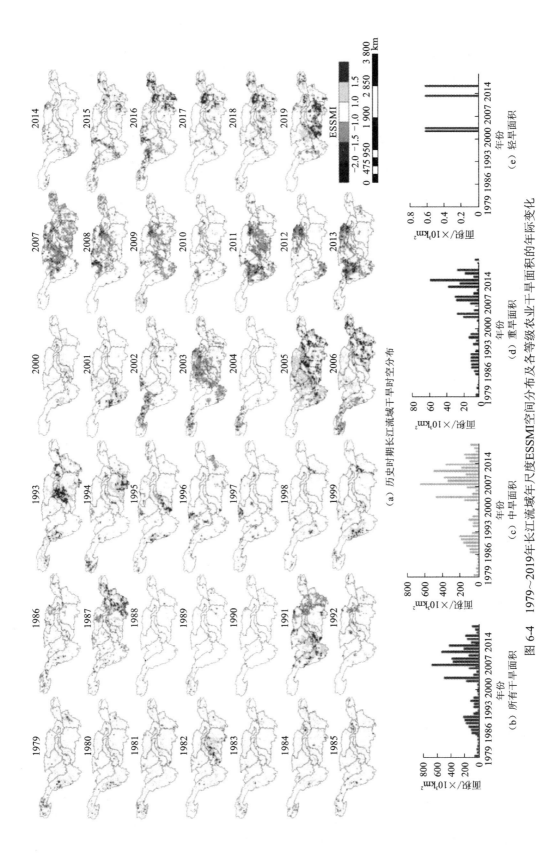

图 6-4 1979～2019年长江流域年尺度ESSMI空间分布及各等级农业干旱面积的年际变化

(a) 历史时期长江流域干旱时空分布

(b) 所有干旱面积

(c) 中旱面积

(d) 重旱面积

(e) 轻旱面积

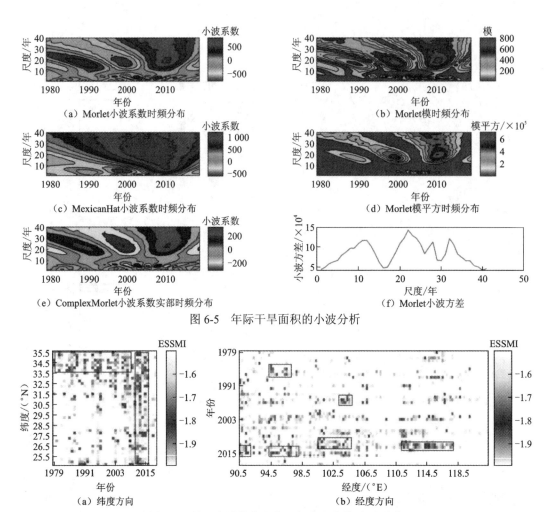

图 6-5　年际干旱面积的小波分析

图 6-6　长江流域纬度方向和经度方向的重旱迁移

孔冬艳等（2020）对 1978～2000 年、2001～2017 年旱灾面积均值热点分布的变化进行了研究，发现干旱在中国也存在向南转移的情况，长江流域部分省市旱灾面积也呈现增加趋势。

2. 季节变化特征

长江流域降水的年内分布存在明显的季节性，其中 6～8 月为雨季，降水最为集中，占全年降水量的 60%～90%，降水变化增加了长江流域水供应时间和空间分布的异质性，时间模式上具有雨季变湿、旱季变干的特点（Zhang et al.，2019）。降水是影响土壤水分的主要气象因子，因而长江流域的农业干旱也表现出明显的季节性变化。基于季节尺度 ESSMI 计算了 41 年来长江流域春季、夏季、秋季和冬季每个像素点发生各类等级干旱的次数，如图 6-7 所示。发生干旱面积最广的季节是冬季（1 187 个像素点），约 47% 的地区发生了干旱，其次是春季（545 个像素点），约 22% 的地区发生了干旱，其次是秋季（356 个像素点），约 14% 的地区发生了干旱，其次是夏季（344 个像素点），约 13% 的地区发生了干旱。长江流域冬季和春季土壤缺水面积更为广泛，夏秋季土壤缺水主要发生在长江下游、洞庭湖流域南部、鄱阳湖流域和太湖流域。

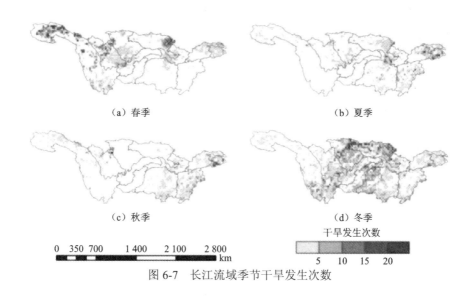

（a）春季　　　　　　　　　　　　　　　（b）夏季

（c）秋季　　　　　　　　　　　　　　　（d）冬季

干旱发生次数

0　350 700　　1 400　　2 100　　2 800
km

5　10　15　20

图 6-7　长江流域季节干旱发生次数

6.3.4　长江流域干旱变化趋势分析

为了探索长江流域农业干旱的变化趋势，通过森斜率趋势分析和 M-K 趋势检验对 ESSMI 进行趋势分析，统计检验显著性水平，α 取 0.05 和 0.01，即 $Z\alpha < -2.58$ 时为极显著下降、$-2.58 \leqslant Z\alpha < -1.96$ 时为显著下降、$-1.96 \leqslant Z\alpha < 0$ 时为缓慢下降。如图 6-8 所示，森斜率和 M-K 趋势检验的结果在空间上趋于一致，均显示金沙江流域南部、岷江沱江流域北部、嘉陵江流域北部、汉江流域西北部、长江上游、乌江流域、洞庭湖流域西部具有明显干旱趋势，长江源头、洞庭湖流域东部、鄱阳湖流域、长江中游和下游、太湖流域具有明显变湿润趋势，其余地区保持相对稳定。1979~2019 年长江流域约 67%的地区 ESSMI 呈现下降趋势，其中显著干旱化趋势的面积占比为 9%，极显著干旱化趋势的面积约占研究区的 22%。Cui 等（2017）对长江流域的年降水量和年平均气温进行了研究，发现自 1960 年来长江流域源区年降水量显著增加，并认为长江流域东南和西北变得湿润，中部地区有干旱的趋势；此外，李军等（2016）和 Chen 等（2019）也得出长江流域中部有干旱化趋势，这与本节的研究结果一致。

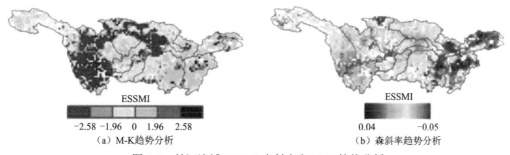

ESSMI　　　　　　　　　　　　　　　　　ESSMI

-2.58 -1.96　0　1.96　2.58　　　　　　　0.04　　　　-0.05

（a）M-K 趋势分析　　　　　　　　　　　（b）森斜率趋势分析

图 6-8　长江流域 ESSMI 森斜率和 M-K 趋势分析

6.4 基于陆-气响应与反馈机制的土壤水分对气候要素的时滞效应量化方法

6.4.1 参考作物蒸散发的计算和验证

参考作物蒸散发（ET_0）是指在假定作物高度为 0.12 m、固定地表阻力为 70 s/m、反照率为 0.23 的情况下，参考冠层的蒸散发（Allen et al.，1998）。Penman-Monteith（P-M）公式是基于能量的动态平衡、水蒸气扩散原理和空气的热导定律，由英国科学家彭曼于 1948 年提出的。经联合国粮食及农业组织修订后，P-M 公式被推荐为计算 ET_0 的标准方法，计算公式为

$$ET_0 = \frac{0.408\Delta(R_n - G) + \gamma \dfrac{900}{T+273} u_2 (e_s - e_a)}{\Delta + \gamma(1 + 0.34u_2)} \tag{6-9}$$

式中：ET_0 表示参考作物蒸散量（mm）；R_n 为太阳净辐射[MJ/（m^2·d）]；T 为平均气温，℃；G 为土壤热通量[MJ/（m^2·d）]；u_2 为 2 m 高度处平均风速；γ 为干湿表常数（kPa/℃）；Δ 为饱和水气压曲线斜率（kPa/℃）；e_s 为饱和水气压（kPa）；e_a 为实际水气压（kPa）；$e_s - e_a$ 为饱和气压差。本节使用 ET_0Calculator 程序计算 ET_0，所需输入数据为日照时间（h/d）、平均气温（℃）、平均最低气温（℃）、平均最高气温（℃）、平均风速（m/s）、平均水汽压（hPa）、平均相对湿度（%）。

由于不同地区的计算效果差异较大，本节利用 1981～2010 年长江流域气象站（图 6-1 中气象站点）的小型蒸发皿逐月蒸发量资料，对 ET_0 进行检验，结果如图 6-9 所示。数据间的 R^2 为 0.95，ET_0 在长江流域中具有较好的适用性。因此本节计算长江流域 270 个气象站点，并利用 ArcGIS 插值工具插值为 0.25°×0.25° 的空间网格数据。

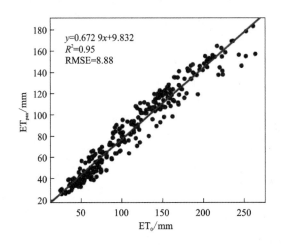

图 6-9 P-M 公式计算的 ET_0 值与 ET_{pan} 观测值的比较

6.4.2 土壤水分和气象变量的时空变化分析

长江流域土壤水分、降水量、气温和蒸散量月平均值的空间分布如图 6-10 所示。总体上，上述 4 个变量均呈现自西向东、自北向南递增的特征。从图 6-10（a）可以看出，土壤水分在上游地区较低，在中部地区南北差异较大，在东部地区相对较高。土壤水分范围为 0.15~0.39 m^3/m^3，Koster 等（2004）和 Guo 等（2006）提出的土壤水分与气象因子强耦合的范围为 0.2~0.3 m^3/m^3，恰好落在长江流域的土壤水分范围内。从图 6-10（b）和（c）可以看出，降水量自西北向东南的转变较为平缓，而气温自西北向东南变化显著，这与 Cui 等（2017）的结论一致。从图 6-10（d）可以看出，长江流域中部区域和源头地区 ET_0 较低，东部地区和金沙江流域南部 ET_0 较高。

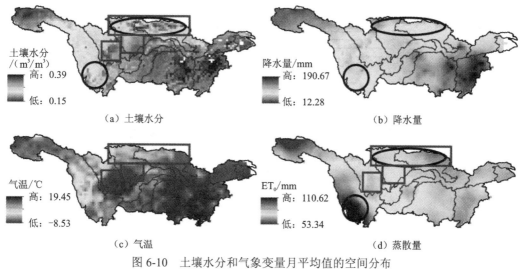

图 6-10 土壤水分和气象变量月平均值的空间分布
扫描封底二维码见彩图

为了揭示长江流域水文和气象变量时间上的变化趋势，对长江流域土壤水分、降水量、气温和 ET_0 的月平均值森斜率趋势和 M-K 趋势检验的空间分布进行实验，结果如图 6-11 所示。从图 6-11（a）和（b）可以看出，金沙江流域南部和汉江流域土壤水分均呈显著下降趋势，而洞庭湖、鄱阳湖、太湖和长江中游地区土壤水分呈显著上升趋势。从图 6-11（c）和（d）可以看出，长江流域西南区和洞庭湖流域南部的降水量有减少的趋势，这与 Chen 等（2020）的结论一致。从图 6-11（e）和（f）可以看出，整个长江流域的气温均呈上升趋势，且长江源区呈显著增加趋势，这与 Cui 等（2017）的结论相似。此外，与 Sang 等（2013）和 Tao 等（2012）的研究结论相似，长江源区、洞庭湖和鄱阳湖流域及长三角地区对气温变化更为敏感。从图 6-11（g）和（h）可以看出，ET_0 在金沙江流域南部、岷沱江流域东南部、嘉陵江流域、汉江流域中部、洞庭湖流域中部具有升高趋势，尤其是嘉陵江流域西北部显著升高，而太湖流域与鄱阳湖流域接壤的区域具有降低趋势。

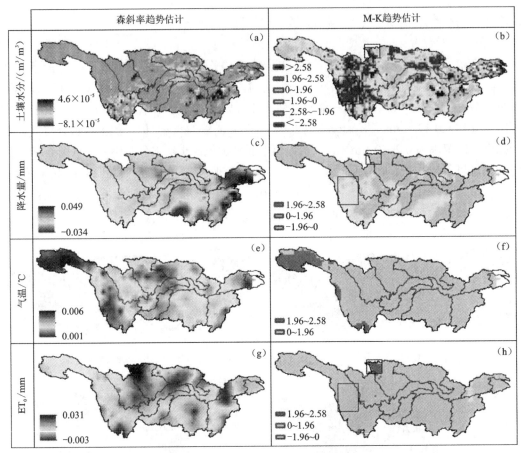

图 6-11 长江流域月平均值的趋势分析

总体而言，整个长江流域的气温呈上升趋势；降水量和 ET_0 的升高趋势大于降低趋势，而土壤水分增加的趋势小于减少的趋势，所占比例分别为 29.12% 和 70.88%。这可能是因为土壤水分、降水量、气温和 ET_0 具有不同的耦合模式。根据水和能量平衡，在长江流域发现了两种陆-气耦合模式：降水量少（或减少趋势）而蒸散量多（或增加趋势）的地区，如金沙江流域西南部、嘉陵江流域北部、汉江流域，可能导致土壤水分持续减少，从而引发干旱灾害[图 6-10（a）、（b）、（d）黑框及图 6-11（b）、（d）、（h）黑框]；土壤水分低、蒸散量低的地区可能导致气温升高，这可能严重影响近地表气候，与极端高温和热浪的发生密切相关，如岷沱江流域南部、嘉陵江流域和汉江流域大部分地区[图 6-10（a）、（c）、（d）红框]。长江流域源头地区和下游地区虽然表现出较高的一致性，即土壤水分、降水量、气温和 ET_0 均较高或均较低，可能是由经纬度的一致性或地形地貌的一致性所致，并没有明显的陆-气耦合模式。与长江源头更加干旱和下游更加湿润的特点不同，长江流域中部地区位于干旱和湿润的过渡带，是更容易发生陆-气耦合现象的地区。

6.4.3 土壤水分与气象变量之间的滞后时间量化

1. 滞后时间量化方法

土壤水分与气象因子均具有季节性周期变化的特点，由于土壤水分对气象因子的响应和反馈，土壤水分的周期性变化可能先于或滞后于气象变量，滞后时间反映在峰值发生的非同步月份。由于月尺度土壤水分和气象变量的最小周期为一年，因此-6～11个月的滞后时间包含了一年内土壤水分和气象变量之间所有可能的滞后时间关系，本小节将滞后时间的可选范围定为-6～11个月。其中0代表各变量的峰值同步，没有滞后关系；-1,-2,…,-6表示土壤水分峰值比气象变量提前1个月、2个月、…、6个月；1,2,…,11表示土壤水分峰值滞后于气象变量1个月、2个月、…、11个月。除此之外，水文和气象变量之间可能存在年际尺度上的滞后时间，本小节利用交叉小波变换工具分析年际尺度上的滞后时间。

设计一套通过三步法量化土壤水分与降水量、气温和蒸散量之间多时间尺度滞后时间的方法，流程如图6-12所示。第一步是将数据集均统一转换为月尺度数据集，并计算变量的多年月平均值，通过这一步，可以得到变量之间的第一步滞后时间，代表了变量之间多年平均的异步情况；第二步是计算考虑滞后时间为-6～11个月的相关系数，最大相关系数所对应的月份为第二步滞后时间，代表了一年内变量之间的异步情况；第三步是通过交叉小波分析得到变量间的多时间尺度滞后时间，包括月尺度、年尺度和年际尺度。通过三步法比较每一步得到的滞后时间的一致性，最后确定变量之间的滞后。

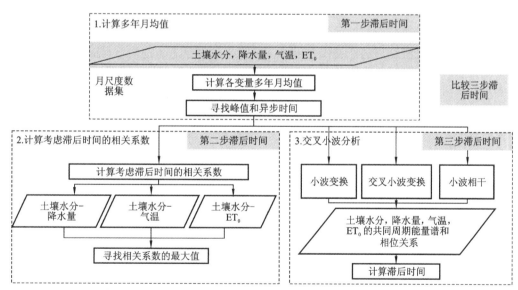

图6-12 三步法量化滞后时间流程图

2. 多时间尺度滞后时间量化

量化变量之间滞后时间的第一个步骤是计算多年月均值，对比峰值出现的月份。按照图6-1的长江流域区域划分方法，将长江流域划分为上部区域、中部区域、下部区域。

图 6-13 为长江流域上部、中部、下部三个区域 1～12 月土壤水分、降水量、气温和 ET_0 1984～2018 年的多年月平均值。总体而言，各变量的最大值和最小值呈现由西向东逐渐增大的趋势，这显示了长江流域不同区域气候的异质性，即上部区域具有相对干冷的特征，下部区域具有相对温湿的特征，中部区域为过渡带。图 6-13 清楚地展示了变量之间的月尺度异步关系。在长江流域上部、中部、下部三个区域，各区域降水量、气温、ET_0 的峰值均出现在夏季（6～8 月）；而土壤水分峰值出现的月份却与区域有关，在上部、中部相对干燥的区域，峰值出现在夏季，而在下部相对湿润的区域，峰值出现在春季（3～5 月）。此外，降水量、气温和 ET_0 均为单峰状态，即明显的季节性——夏季高冬季低；而土壤水分为双峰状态，可以分别提前和滞后于各气象因子。因为降水是增加表层土壤水分的最直接来源，而土壤水分的蒸发是蒸散发和降水的来源之一，间接影响气温的升高程度，因此，土壤水分对气象因子的响应和反馈体现在时间上具有一定的滞后效应。从图 6-13 可以看出，土壤水分与气象变量之间可能存在 1 个月、2 个月和 3 个月的异步，在水平衡和能量平衡的作用下，土壤水分同时对气象变量进行反馈和响应，土壤水分峰值出现的月份可能在气象变量之前或之后。

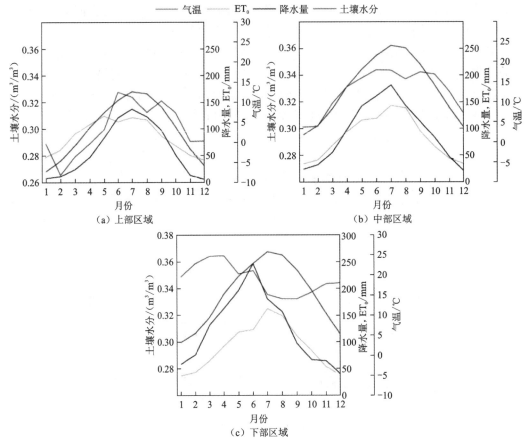

图 6-13　1984～2018 年长江流域三个区域 1～12 月土壤水分、降水量、气温和 ET_0 月平均值变化曲线

扫描封底二维码见彩图

　　量化变量之间滞后时间的第二个步骤是在选取滞后时间分别为-6～11 个月的情况下，分别计算土壤水分-降水量、土壤水分-气温、土壤水分-ET_0 的相关系数。长江流域

上部、中部、下部区域及各气象站土壤水分-降水量、土壤水分-气温、土壤水分-ET$_0$的考虑滞后时间的相关系数如图 6-13 所示，相关系数最高的马赛克所对应的横坐标反映了土壤水分可能领先或滞后于气象变量的时间。从图 6-14 可以看出，相关系数也具有明显的周期性特征，同时表现出区域差异特征。在上部区域，土壤水分可能滞后于降水量、气温 0~2 个月，滞后于 ET$_0$ 0~3 个月；在中部区域，土壤水分可能滞后于降水量和气温 1~2 个月，滞后于 ET$_0$ 1~3 个月；在下部区域，土壤水分可能比降水量早 2~4 个月，比气温和 ET$_0$ 早 3~6 个月。总体而言，由于气候条件的差异，不同地区滞后时间差异较

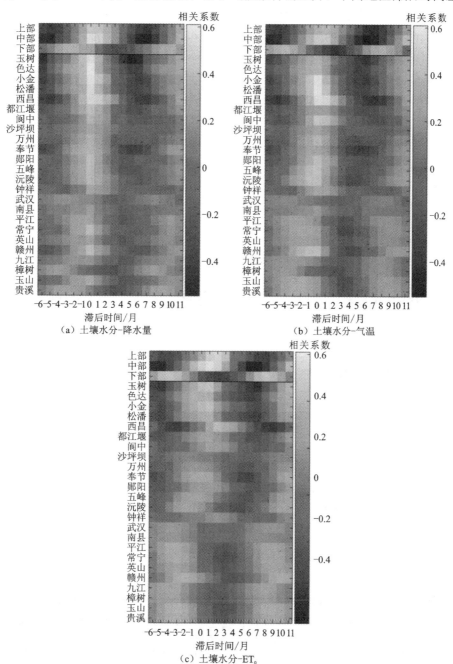

图 6-14　不同区域考虑滞后时间的相关系数

大，干旱地区滞后时间较湿润地区短。Sun 等（2004）在研究了一天内地表气温、土壤水分的变化情况时发现，最高地表气温在土壤潮湿的条件下比在土壤干燥条件下发生的时间要晚，因为水的比热容通常高于裸露的干燥土壤，使地表气温对干燥土壤的响应速度比对湿润土壤的响应速度快。本小节在月时间尺度实验中也发现了类似的结论，即在更湿润的地区，气温对土壤水分的滞后时间更长，由于气温和蒸散是能量分配的两个方向，蒸散量的峰值与气温的峰值是较为一致的，即蒸散对土壤水分的滞后时间与气温对土壤水分的滞后时间一致。

为了验证量化变量之间滞后时间第二个步骤的结论，交叉小波分析实验被用来进一步研究不同区域间各变量的滞后时间，结果如图 6-15 所示。在上部、中部区域，土壤水分-降水量[图 6-15（a1）和（b1）]、土壤水分-气温[图 6-15（a3）和（b3）]、土壤水分-ET$_0$[图 6-15（a5）和（b5）]的 XWT 显示，在 8～16 个月周期内与降水量（气温、ET$_0$）呈正相关关系，箭头指向右边和右上方，土壤水分滞后于降水量（气温，ET$_0$）的时间约为 0 或 1/8 个周期（即 0～2 个月）；在下部区域，土壤水分-降水量[图 6-15（c1）]、土壤水分-气温[图 6-15（c3）]、土壤水分-ET$_0$[图 6-15（c5）]的 XWT 显示，在 8～16 个月周期中箭头向下和左下，表示土壤水分与降水量（气温，ET$_0$）的异步时间大约为 1/4 或 3/8 个周期（即 2～6 个月）。综上所述，量化变量之间滞后时间的三步法可以得出一个共同的结论：在干旱地区异步时间短，0～2 个月；在湿润地区异步时间长，2～6 个月。

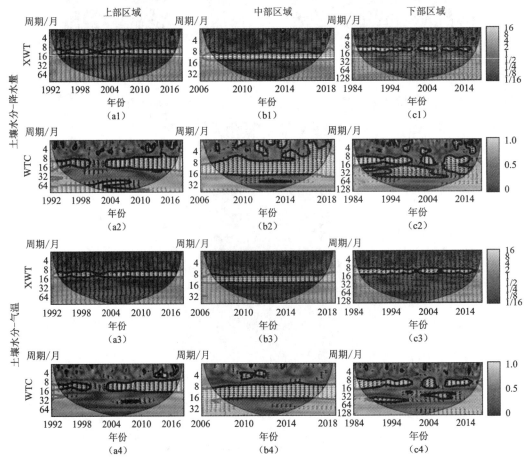

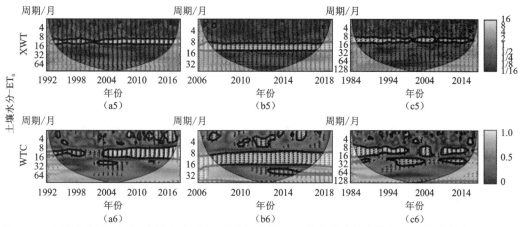

图 6-15 土壤水分-降水量、土壤水分-气温和土壤水分-ET$_0$的交叉小波变换（XWT）和小波相干（WTC）

交叉小波分析实验中，小波相干（WTC）还可以探索不同时间尺度下的滞后时间特征。根据土壤水分降水量（气温、ET$_0$）的 WTC［图 6-15（a2）、（a4）、（a6）、（b2）、（b4）、（b6）、（c2）、（c4）、（c6）］，在短时间尺度上（小于 8 个月），土壤水分与降水量呈正相关关系，与气温、ET$_0$呈负相关关系；在年时间尺度上（12 个月），降水量、气温、ET$_0$均与土壤水分呈正相关关系，WTC 功率谱和 XWT 功率谱相似，上部和中部区域的滞后时间较短（箭头角度小），下部区域的滞后时间较长（箭头角度大），这与对第一、二、三步滞后时间的结论是一致的；在较大的时间尺度上（年际，指大于一年，如 32 个月或 64 个月），除降水量与土壤水分之间存在明显的正相关关系外，上部、中部、下部三个区域土壤水分与气温和蒸散之间的响应存在差异，说明在长江流域，对于所有的气候条件和时间尺度，降水量对土壤水分影响的机理是最易判断的，而土壤水分与气温和蒸散的关系需要更精细的空间分辨率来展开研究。

6.4.4 气象变量对土壤水分变化影响的解释率分析

在水平衡和能量平衡的背景下，气象变量可以作为土壤水分变化的预测变量，广义可加模型（generalized additive model，GAM）可以帮助探索气象变量对土壤水分变化影响的解释率，而不用管土壤水分和气象变量之间的关系是否为非线性的。图 6-16 所示为整个长江流域降水量、气温和 ET$_0$GAM 模型的回归参数，本小节使用的平滑函数默认为样条函数。当 EDF（纵坐标括号中的值）= 1 时，表示两个变量之间存在线性关系。从图 6-16 可以看出，土壤水分与 ET$_0$的线性关系强于气温、降水量。而且土壤水分与降水量和气温为正相关，土壤水分与 ET$_0$为负相关。

从 F 值来看（值越大，影响越大），相对于气温和 ET$_0$，降水量对整个长江流域土壤水分的影响占主导地位，ET$_0$的影响力最小，因为降水是土壤水分的直接来源，降水可以在短时间内补充土壤水分，而土壤水分是蒸散的来源之一，经过一定时间的积累再反馈于降水。由于准确估计滞后时间对水文预报有帮助，在各气象站建立 GAM 模型，比较各气象站点考虑变量间滞后时间前后的解译率变化情况，结果见图 6-17。图 6-17（b）红色（黄色）高亮表明该变量的 F 值最大（最小），即对土壤水分变化的影响最大（最小）。F 值

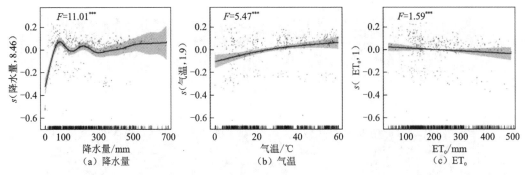

图 6-16　GAM 模型的回归参数

横坐标为气象变量的观测值，纵坐标为土壤水分的平滑拟合值，纵坐标括号中的值表示 EDF 大小

最小的变量可能对土壤水分有潜在的滞后时间，因此选择了特定大小的滞后时间（方格中的数字），进行考虑滞后时间的解释率计算。图 6-17（a）显示在 24 个站点中，除三个站点外，考虑滞后时间的解释率都有所提高。

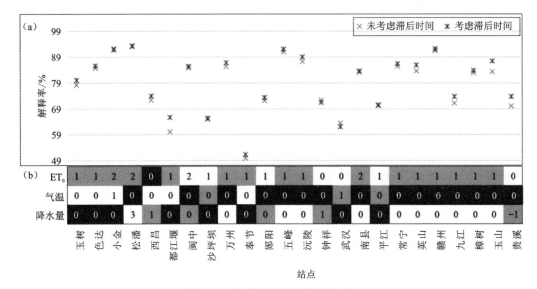

图 6-17　气象站点解释率的变化

（a）考虑滞后时间前后 GAM 模型的解释率；（b）不同站点土壤水分与 ET_0、气温、降水量之间的滞后时间（单位：月），其中黑色（灰色）背景表示该变量 F 值最大（最小），即对土壤水分变化影响最大（最小）；扫描封底二维码见彩图

6.5　基于土壤水分对气象要素时滞效应的综合农业干旱指数

6.5.1　综合农业干旱指数的构建

农业干旱指由于长期降水量不足导致土壤水分亏缺进而引发的作物减产的现象，因此土壤水分是农业干旱指数构建的直接因素，根据能量平衡和水分平衡的关系，土壤水

分的高低在很大程度上取决于前期降水量和蒸散发的状况，即降水补充水分必须至少等于蒸散发消耗的水分，否则，将导致原始土壤水分减少的净效应。6.4 节探索了土壤水分对降水和蒸散的滞后时间，发现滞后时间在空间分布上存在差异，在此基础上，本节将构建基于土壤水分对气象变量滞后效应的综合农业干旱指数（CADI）。

首先，以归一化降水量和蒸散量的比值定义一个前期干旱指数来表征该地区的基本气候条件，该气候条件的公式如下：

$$
\begin{cases}
D_i = \dfrac{PCI_j}{ECI_k} \\
PCI_j = \dfrac{P_{max} - P_j}{P_{max} - P_{min}} \\
ECI_k = \dfrac{E_{max} - E_k}{E_{max} - E_{min}}
\end{cases}
\tag{6-10}
$$

式中：D_i 为当地的气候条件，其值越大表明越干燥；PCI_j 和 ECI_k 分别为历史时期（1981 年 1 月至 2018 年 12 月）降水量与蒸散量的相对值；P_j 和 E_k 分别为 j 时刻和 k 时刻的降水量和蒸散量；P_{max}、E_{max}、P_{min}、E_{min} 分别为历史时间内降水量和蒸散量的最大值和最小值。通过式（6-10）对降水量和蒸散量进行归一化，消除不同数据量级的影响，由式（6-10）可知，PCI 和 ECI 的取值范围均为 0~1，PCI 越大，降水量越少，ECI 越小，蒸散量越大。

其次，土壤水分作为构建农业干旱指数的直接变量，被定义为乘数因子 SMCI，SMCI 与 CADI 的公式如下：

$$
\begin{aligned}
CADI &= SMCI_i \frac{PCI_j}{ECI_k} \\
SMCI_i &= \frac{SM_{max} - SM_i}{SM_{max} - SM_{min}}
\end{aligned}
\tag{6-11}
$$

式中：SMCI（类似于 PCI 和 ECI）为土壤水分相对于历史时期的相对值；SM_i 为该地区在 i 时刻的土壤水分；SM_{max}、SM_{min} 分别为该地区历史时期土壤水分的最大值和最小值。SMCI 使土壤水分值归一化到 1（干燥状态）和 0（潮湿状态）之间。SMCI 作为一个乘数因子起到重要的调节功能，会使前期干燥条件下 D_j 的值更大（更干燥）或湿润条件下 D_j 的值更小（更湿润）。将式（6-11）中的 CADI 计算结果归一化为 0~1，进行干旱等级阈值选择。

最后，选择土壤水分对降水和蒸散的滞后时间。土壤水分对降水和蒸散的滞后时间分别为 $(i-j)$ 和 $(i-k)$。根据第 3 章的方法，可以确定土壤水分和降水与蒸散之间的滞后时间。

6.5.2　传统干旱指数的选择

SPI 是根据特定月时间尺度的降水概率分布计算的，是一种广泛应用的气象干旱指数，用来对降水数据进行标准化，以显示特定月份降水量距平均值的距离，可通过拟合伽马概率分布函数得到不同时间尺度的 SPI（通常为 1 个月、3 个月、6 个月、9 个月或

12 个月）。SPEI 与 SPI 的计算类似，但 SPEI 的计算是通过拟合 log-logistic 概率密度函数得到降水量和蒸散发差值的概率分布。SPI 和 SPEI 的时间尺度越短，干旱指数值的波动频率越高，因为某一个月降水量与月平均值的偏差一般大于某一年降水量与多年平均值的偏差。

Vicente-Serrano 等（2013）比较了 SPI、SPEI 和 PDSI 在全球干旱监测中的表现，发现 SPI 和 SPEI 指数在农业干旱监测中的表现优于 PDSI，因此本节首先选择 SPI 和 SPEI 作为传统干旱指数参考指标。VHI 可以指示植被状况，也被广泛用于表征农业干旱，因此，综合来看本章选择 SPI、SPEI、VHI 三个传统干旱指数与 CADI 进行比较，检验 CADI 对干旱监测的效果。农业干旱对降水和蒸散的响应可能是几个月，Szalai 等（2000）指出 2 个月或 3 个月尺度的 SPI 与土壤水分有很强的相关性，即与农业干旱有很强的相关性，可以用来识别农业干旱。因此，本节选取 3 个月的时间尺度，不选取 6 个月、9 个月的时间尺度。而 1 个月时间尺度可以识别气象干旱，12 个月的时间尺度可以识别较为干旱的年份，因此也可以用于计算，得出 SPI-1、SPI-3、SPI-12，SPEI-1、SPEI-3、SPEI-12。

6.5.3　长时序 CADI 的计算

因为长江流域水文气候条件较复杂，具有半干旱区、半湿润区、湿润区，分别在半干旱区、半湿润区、湿润区选择三个感兴趣区（图 6-1 中感兴趣区）进行 CADI 的时间序列可视化。CADI 及其输入变量（土壤水分、降水量、ET_0）月平均值的时间序列如图 6-17 所示。输入变量均表现出明显的季节性，但各输入变量峰值出现的月份存在异步，与之前的研究结论相同，即降水量、ET_0 均夏季高，春冬季低，但土壤水分峰值出现的月份并不完全落在夏季。与感兴趣区的气候条件相同，半干旱区各变量值的波动范围均低于湿润地区。图 6-18（a）显示半干旱地区蒸散量大于降水量，可能是造成该区域普遍干旱的主要原因；图 6-18（b）显示半湿润地区降水量与蒸散量相似；图 6-18（c）显示湿润地区降水量大部分时间大于蒸散量。因此，无论是半干旱、半湿润还是湿润地区，仅用一个变量来监测干旱是不足的，综合考虑多个变量之间的组合关系更为合理。CADI 也表现出明显的季节性，且波动较大，这将有利于干旱识别和等级划分。

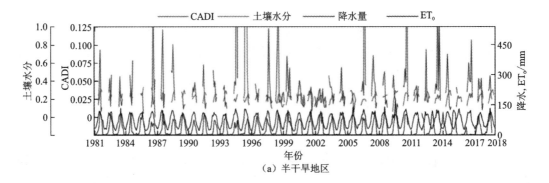

（a）半干旱地区

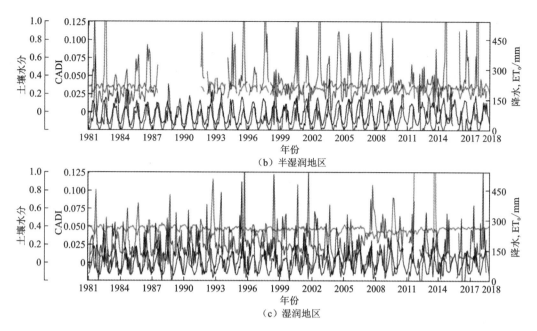

（b）半湿润地区

（c）湿润地区

图6-18　1981~2018年月尺度CADI与输入变量（土壤水分、降水量和ET_0）的时间序列

6.5.4　CADI与传统干旱指数的相关性分析

1. CADI与传统干旱指数的相关系数比较

为了评估CADI的表现，本小节对1981~2018年半干旱区、半湿润区、湿润区的CADI与SPI-1、SPI-3、SPI-12、SPEI-1、SPEI-3、SPEI-12、VHI进行皮尔逊相关分析，结果见表6-2，相关系数的绝对值在0.10~0.51。CADI与传统干旱指数呈负相关，CADI越大越干旱，传统干旱指数越小越干旱。表6-2中加框数值为在不同感兴趣区，CADI与传统干旱指数相关性最强的程度。综合考虑不同气候区域的相关性，所有区域的CADI与SPEI-3均显著相关，且相关性较强，因此，本小节选择SPEI-3作为确定CADI干旱等级阈值标准的参考指标。

表6-2　1981~2018年半干旱区、半湿润区和湿润区CADI与SPI-1、SPI-3、SPI-12、SPEI-1、SPEI-3、SPEI-12、VHI皮尔逊相关系数

分区	CADI-SPI-1	CADI-SPI-3	CADI-SPI-12	CADI-SPEI-1	CADI-SPEI-3	CADI-SPEI-12	CADI-VHI
半干旱区	-0.20*	-0.39**	-0.46**	-0.17*	-0.44**	-0.51**	-0.51**
半湿润区	-0.28**	-0.39**	-0.29**	-0.10*	-0.37**	-0.25*	-0.12*
湿润区	-0.22*	-0.35**	-0.24*	-0.42**	-0.50*	-0.26**	-0.18**

*p-value < 0.05，**p value < 0.01

2. CADI 干旱等级划分

据《中国气象灾害年鉴》记载，2007～2009 年中国南方在 7 月中旬至 8 月中旬连续发生了三年夏季干旱，图 6-18（c）也显示三个感兴趣区的降水量比正常年份少。上述夏季干旱影响了长江流域的贵州省南部、湖南省和江西省的作物产量，导致 2007～2009 年湖南省和江西省受旱灾面积也显著增加。因此，本小节选择感兴趣区的 9 次夏季干旱事件对 CADI 和 SPEI-3 进行对比，以确定 CADI 干旱等级划分的阈值。

综合考虑干旱事件的开始时间、结束时间和严重程度，CADI 干旱阈值设置为：正常 0～0.025；轻度干旱（简称轻旱）0.025～0.05；中度干旱（简称中旱）0.05～0.075；重度干旱（简称重旱）0.075～0.125；极端干旱（简称极旱）>0.125。表 6-3 根据 SPEI-3 和 CADI 的干旱等级阈值统计了 2007～2009 年的轻度干旱、中度干旱、重度干旱、极端干旱的发生次数和总发生次数。需要注意的是，本节规定只要一个月的干旱指数达到阈值，就视为干旱事件发生一次。从表 6-3 可以看出，各干旱等级发生次数和干旱总发生次数在不同气候区域存在差异，某一地区是否发生干旱是由与历史平均状态的偏离程度决定的，而不是由气候条件决定，农业干旱与气象干旱的发生与气候条件密切相关，相对干燥的半干旱区发生干旱的次数并不一定比湿润区多。各感兴趣区气象干旱多于农业干旱；农业干旱与气象干旱的起止时间不同步，因此加入了土壤水分变量的干旱指数 CADI 更重视农业干旱的识别，因为土壤具有一定的蓄水功能，降低了农业干旱发生的频率（Wu et al.，2004）。因此，CADI 的优势在于识别农业干旱，而不是气象干旱。

表 6-3　2007～2009 年基于 CADI 和 SPEI-3 不同干旱等级的干旱频率统计

分区	指标	干旱等级				合计
		轻旱	中旱	重旱	极旱	
半干旱区	SPEI-3	−1～0	−1.5～−1	−2～−1.5	≤−2	
	频率	6	5	3	0	14
	CADI	0.025～0.05	0.05～0.075	0.075～0.125	>0.125	
	频率	4	4	1	0	9
半湿润区	SPEI-3	−1～0	−1.5～−1	−2～−1.5	≤−2	
	频率	12	4	3	1	20
	CADI	0.025～0.05	0.05～0.075	0.075～0.125	>0.125	
	频率	10	4	4	0	18
湿润区	SPEI-3	−1～0	−1.5～−1	−2～−1.5	≤−2	
	频率	23	3	4	1	31
	CADI	0.025～0.05	0.05～0.075	0.075～0.125	>0.125	
	频率	11	3	4	0	18

由于长江流域大部分作物在夏秋季生长成熟，CADI 对夏秋季干旱的识别对作物地区的物候管理具有非常重要的现实意义。图 6-19 为 2007～2009 年 CADI 和 SPEI-3 值的

时间序列演变。从图 6-19 中可以看出，CADI 和 SPEI-3 在时间序列上都表现出明显的季节性，图中的黑色矩形对应的是 2007 年、2008 年和 2009 年 7～9 月的干旱指数。与 SPEI-3 相比，CADI 不仅能识别春冬季干燥，而且能更有效地识别夏秋季干旱，这对长江流域夏秋季早稻、棉花、晚稻、冬小麦和油菜籽的播种和生长尤为重要。Sánchez 等（2016）也指出，传统干旱指数在识别冬春干旱方面更有效，而夏秋干旱对农作物生长更为重要，本节提出的 CADI 能很好地解决这一问题。

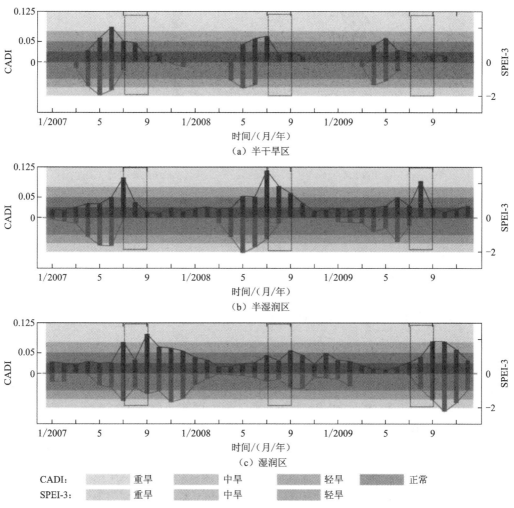

图 6-19　2007～2009 年半干旱区、半湿润区、湿润区 CADI 与 SPEI-3 的时间序列

为了评价 CADI、SPEI、SPI、VHI 等指标对干旱等级划分的一致性，本小节统计分别利用 CADI、SPEI、SPI、VHI 对干旱等级进行划分的结果，然后计算长江流域（包括 3 个感兴趣区和 11 个子流域）干旱等级的皮尔逊相关系数，结果如图 6-20 所示。在置信度 $p < 0.05$ 的情况下，各区域平均相关系数介于 0.5～0.7，显示出显著的相关性。因此，CADI 在识别干旱和判别干旱严重程度上具有较好的适用性。

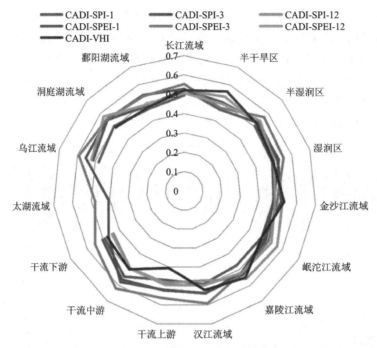

图 6-20　长江流域 CADI 与传统干旱指数干旱等级的皮尔逊相关系数（$p<0.05$）

6.5.5　基于 CADI 的长江流域农业干旱监测

1. 农业干旱与气象干旱的长时序比较

为了检验 CADI 在长江流域历史干旱监测中的表现，比较 1981～2018 年半干旱区、半湿润区和湿润区的 CADI 和 SPEI-3（图 6-21）。从图 6-21 中可以看出，CADI 和 SPEI-3 具有季节性的周期变化，CADI 的峰与 SPEI-3 的谷相对应，意味着该时段发生了最严重的干旱。SPEI-3 的突变特征更适合监测气象干旱，因为对降水不足能够快速监测，而 CADI 的变化趋势相对平缓，更适合农业干旱的监测，由于土壤本身具有保水功能，短期内降水不足不一定导致农业干旱，而持续的降水不足可能进一步引发农业干旱。本节规定将连续两个月干旱指数达到中度及重度干旱的阈值，视为一次中度干旱事件和重度干旱事件。经统计，在半干旱区、半湿润区和湿润区，CADI 监测的中度干旱事件分别为 10 次、14 次、11 次，SPEI-3 监测的中度干旱事件分别为 17 次、16 次、15 次；CADI 监测的重度干旱事件为 5 次、9 次、3 次，SPEI-3 监测的重度干旱事件为 9 次、11 次、5 次。这一结果表明，针对中度干旱事件和重度干旱事件，农业干旱事件均少于气象干旱事件。这为发生气象干旱后及时采取措施预防农业干旱提供了宝贵的时间差。

2. 基于 CADI 的长江流域农业干旱空间分布

为了全面调查长江流域农业干旱的空间分布特征，本小节对 1981～2018 年的平均 CADI、2016 年 8 月 CADI、2016 年冬季、春季、夏季、秋季的 CADI 进行了空间分布可视化，结果如图 6-22 所示。根据 2016 年统计年鉴，2016 年 8 月长江流域部分地区经

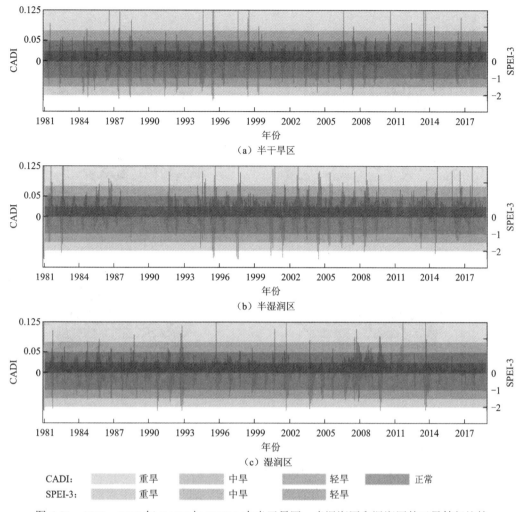

图 6-21 1981～2018 年 CADI 与 SPEI-3 在半干旱区、半湿润区和湿润区的干旱等级比较

历了不同程度的干旱，因此，本小节可视化了这一时期 CADI 的空间分布。从图 6-22（a）可以看出，在过去 38 年里，乌江流域东北部、长江中游、鄱阳湖流域南部和北部干旱情况较为严重，这与 Chen 等（2020）的结果一致，Li 等（2019）也发现流域中部最容易发生干旱事件。从图 6-22（c）～（f）可以看出，2016 年长江流域夏秋两季干旱比冬春两季干旱更为严重，其中金沙江、岷沱江和嘉陵江流域最为突出。长江流域中上游和鄱阳湖流域秋季干旱更为严重。在冬季[图 6-22（c）]，长江流域西北地区的数据缺失可能是由土壤冻结造成的。2016 年 8 月 CADI 地图显示，岷沱江流域和嘉陵江流域发生了空间连续干旱[图 6-22（b）]，CADI 监测的 2016 年长江流域干旱情况与《中国气象灾害年鉴》记录的气象干旱空间分布情况基本一致，这也间接地证明了持续的气象干旱可能导致农业干旱的发生。

3. CADI 与受旱灾面积比较

为了检验 CADI 在农业干旱监测中的适用性，本节收集了作物受旱灾面积数据。作物受旱灾面积是指全年因干旱导致作物产量较正常年份减少 10% 以上的作物播种面积。

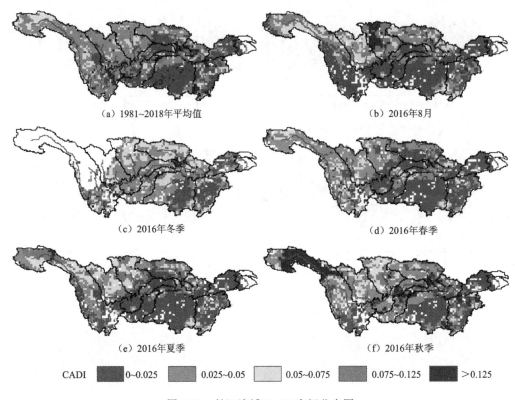

| CADI | 0~0.025 | 0.025~0.05 | 0.05~0.075 | 0.075~0.125 | >0.125 |

(a) 1981~2018年平均值 　　　(b) 2016年8月

(c) 2016年冬季 　　　(d) 2016年春季

(e) 2016年夏季 　　　(f) 2016年秋季

图 6-22　长江流域 CADI 空间分布图

以省为单位，时间分辨率为 1 年，分析作物受旱灾面积与 CADI 是否具有相似的变化趋势。为了保持时空一致性，在 ArcGIS 中使用省份矢量边界对栅格数据进行掩膜裁剪。图 6-23 为 1984～2018 年长江流域五省市 CADI 年平均值和作物受旱灾面积的时间序列。近年来，各省受干旱影响的面积逐年减少，这可能得益于人为抗旱措施的帮助。但总体而言，从图 6-23 可以看出，五个行政区的年平均 CADI 与作物受旱灾面积的变化趋势基本一致。受干旱影响面积越大的年份，其 CADI 值越大，意味着更干燥。这一趋势也表明了应用 CADI 干旱指数对长江流域农业干旱监测的可行性。

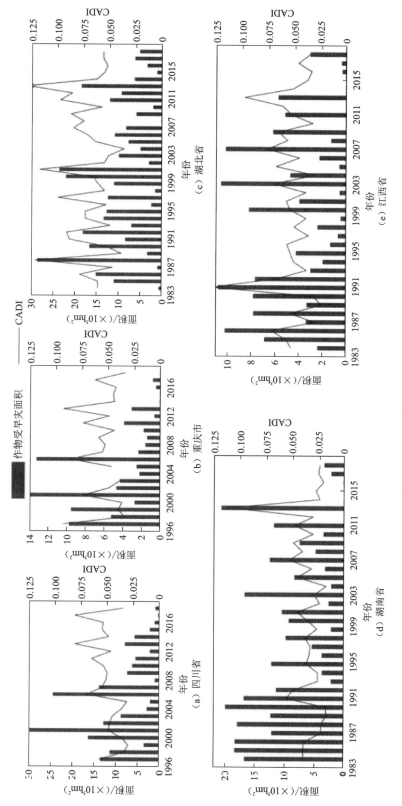

图6-23 CADI作物受旱面积比较

第7章 流域干旱的生态效应

基于 1981～2015 年长时间序列数据，利用 WaSS-C 模型模拟计算该时间序列下逐月尺度的中国湿润半湿润地区植被生态系统总初级生产力（GPP），已有研究证明该模型在区域尺度上有着良好的适用性。本章通过以月为时间尺度模拟计算的 GPP 结合小波分析及趋势变化检测研究其在 1981～2015 年的变化，并利用干旱指数 SPEI-3 和 NDVI 绿度变化进行时空分布变化分析，探究干旱及绿度变化对中国湿润半湿润地区植被生态系统总初级生产力（GPP）的影响。

7.1 流域干旱与生态效应

7.1.1 "骤旱"

一般而言，干旱往往是由降水亏缺引起的，需要数月甚至更长的时间才能够达到范围和强度上的最大值，是一种发展缓慢的气候现象（袁星 等，2020）。但是在降水稀缺和异常高温的共同作用下，可能会造成局部地区土壤湿度连续减少、蒸散发却不断增加，导致干旱发展迅速、预见期短、强度大且破坏性强，这样的骤发干旱事件就是"骤旱"（Ford et al.，2017）。而且人类活动对"骤旱"形成原因的影响也十分显著，相关研究结果表明，诱发"骤旱"形成的原因中有 77%归结于温室气体排放导致的气候变化增温效应，同时随着人口的增长，"骤旱"暴露度风险也在不断上升（袁星 等，2020）。有研究表明在部分地区，"骤旱"也许将成为一种新常态，它并不会因为全球的平均气温上升趋势有所减慢而缓解，例如 20 世纪 90 年代末在一次强厄尔尼诺现象发生之后，"骤旱"事件的发生次数增加了 3 倍，这与世纪交替变化、年际尺度土壤水分的减少及蒸散发量的增加密切相关（Guo et al.，2019）。

7.1.2 总初级生产力

陆生植物通过光合作用将二氧化碳（CO_2）固定为有机化合物，这是一种碳（C）通量，在生态系统水平上也被称为总初级生产力（GPP）。陆地 GPP 是全球最大的碳通量，它驱动若干生态系统功能，如呼吸和生长。因此，GPP 有助于人类福利，也是因为它是食品、纤维和木材生产的基础。此外，GPP 与呼吸作用是控制陆地-大气 CO_2 交换的主要过程之一，为陆地生态系统提供了部分抵消人为 CO_2 排放的能力（Beer et al.，2010）。

GPP 作为植被系统总初级生产力扮演着重要角色，它是衡量一个植被生态系统成为"碳源"或"碳汇"的重要指标。近年来，极端天气事件频繁出现，干旱次数明显增多，对全球碳循环造成了显著影响，而作为其中最大碳通量的植被生态系统总初级生产力（GPP），因其对气候变化极具敏感性而受到很大程度的影响（殷欢欢，2021）。

7.1.3 植被绿度

植被绿度，通常用叶面积指数（leaf area index，LAI）或植被指数来表示，是与光合作用获取太阳辐射直接相关的冠层结构特性（Hu et al.，2022）。早期的研究分析了植被绿度与光合作用之间的密切关系（Tucker et al.，1986），如今植被绿度的卫星产品被广泛用于评估大空间尺度上GPP的时间动态。例如，植被绿度被认为是检测干旱和热浪等极端气候事件对生态系统生产力影响的关键指标（Hilker et al.，2014）。此外，有研究表明，GPP可以直接从植被绿度估算，而不需要其他数据（Sims et al.，2006）。

然而，生产力的年际变化在多大程度上与绿度一致，以及这种关系如何在空间上变化仍不清楚。在一些生态系统中，植被绿度与GPP呈弱相关。例如，亚马孙雨林中，在2010年干旱年，绿度下降，但植被生产力保持不变（Doughty et al.，2015）。有研究认为绿度和GPP的耦合可能比先前预期的要弱。例如，在潮湿的热带森林中，叶片数量、叶面积指数和叶片质量、叶片光合能力之间的权衡可能导致绿度与GPP完全解耦（Wu et al.，2016）。如果高估了GPP对绿度的依赖，植被生产力对气候变率响应的评估就会有偏差。有研究发现LAI和GPP的年际变化之间的耦合强度随着干旱的增加而增强，年际间GPP和LAI在干旱草原高度耦合，而在亚马孙雨林等生态系统中完全解耦（Hu et al.，2022）。

7.2 数据处理与模型构建

7.2.1 数据介绍与预处理

1. 气象数据

气象数据来自国家地球系统科学数据中心，包括1981～2015年1 km分辨率的逐月降水量栅格数据集，其空间分辨率为0.008 3°（约1 km）。该数据是通过Delta空间降尺度的方法，利用英国东英格利亚大学气候研究所（Climatic Research Unit，CRU）发布的全球0.5℃气候数据，以及WorldClim网站发布的全球高分辨率气候数据生成中国地区的降尺度数据；同时利用496个独立气象观测站点数据进行了验证，验证结果可信（降水量单位为0.1 mm）。还包括1981～2015年1 km分辨率的逐月平均气温数据集，其相关信息与上述降水数据集一致（气温的单位为0.1℃），并且数据地理空间投影都是WGS84坐标系，两者在计算时需要进行单位转换。上述所用到的实验数据集地理的空间范围为中国内陆地区（实验没有囊括南海岛礁等区域的计算与分析）。同时包括1981～2015年1 km分辨率月日照时数数据，其数据空间投影为Albers，需要进行坐标系的转换。对于以上实验数据，利用中国湿润半湿润区的矢量图形边界进行掩膜提取从而得到相应的区域范围内的栅格数据。

2. 下垫面数据

本章的 DEM 数据同样来自国家地球系统科学数据中心，为中国 30 m 分辨率数字高程模型数据（ASTER DEMv3）。

土地利用数据选择了中国科学院资源环境科学数据中心的"中国土地利用现状遥感监测数据"，实验使用了空间分辨率为 1 km 的数据集，时间分辨率为 5 年，一共选择了 7 期数据，即 1985～2005 年（其中因缺少 1985 年土地利用数据资源，用 1980 年的数据代替了 1985 年）。土地利用的二级分类具体如表 7-1 所示。

表 7-1　土地利用分类

一级类型	二级类型
耕地	水田、旱地
林地	林地、灌木林地、疏林地和其他林地
草地	高、中、低覆盖程度草地
水域	河渠、湖泊、水库坑塘、永久性冰川雪地、滩涂和滩地
城乡、工矿、居民用地	城镇用地、农村居民点和其他建设用地
未利用土地	沙地、戈壁、盐碱地、沼泽地、裸土地、裸岩石质地
海洋	—

土壤理化数据来自世界土壤数据库（Harmonized World Soil Database，HWSD），中国区域的数据是由中国科学院南京土壤研究所提供，为最新的 1∶100 万比例尺的中国土壤数据图，包含土壤上层和下层的 13 类土壤理化属性信息。

3. 植被指数数据

植被指数数据主要来自北京师范大学利用广义回归神经网络（general regression neural networks，GRNNs），从时间序列 AVHRR 地表反射率数据中反演得到的 LAI 产品，数据投影方式为等角投影。本章使用了分辨率为 0.05°×0.05° 的 1982～2015 年长时间序列 GLASS-AVHRR-LAI 产品，单位为 0.01。对于 1981 年缺少的 LAI 数据，粗略利用 1982 年的数据替代弥补。对于数据的预处理，主要利用 ArcGIS 软件对 HDF 文件的提取与地理坐标系重投影，得到了在 WGS84 地理坐标系下中国区域的 LAI 数据值，该图像的时间分辨率为 8 天，因此需要进行 8 天时间分辨率的图像合成，图中空白区域值为 NoData 数据，代表没有区域值，西北部干旱半干旱地区因地理位置等诸多因素存在面积大的空白区域，因此选择湿润半湿润区域进行研究，保证模型模拟的精确度，避免长时间序列单方面的插值带来较大的误差。

对于 NDVI 数据，本节使用的是空间分辨率为 8 km、时间分辨率为半月尺度的 GIMMS-NDVI3g 数据，同样进行了坐标系的转换及半月合成处理，得到每月的 NDVI。

4. 模型验证数据

实验用来验证 WaSSI-C 模型模拟的 GPP 数据为 GLASS-AVHRR 的 GPP 数据产品，同样也是来自国家地球系统科学数据中心由北京师范大学完成的空间分辨率为 0.05°×0.05°、时间分辨率为 8 天的数据，该数据经由等角投影坐标系转换为 WGS84 坐标系及 8 天时间尺度合成月尺度后，得到数据样图。

以上所有的实验数据及验证数据都进行了降尺度处理，包括进行栅格重采样后用中国湿润半湿润区的矢量数据图进行掩膜提取以便在空间尺度上的统一，以及时间尺度转换月尺度的统一，最后进行归一化处理。实验数据经过以上的预处理步骤，可以作为 WaSSI-C 模型相关输入参数进而模拟中国湿润半湿润区域 1981～2015 年时间序列下的月尺度 GPP。

7.2.2 模型构建与方法

1. WaSSI-C 模型原理

WaSSI-C 模型是基于水文过程物理机理模拟以月为时间尺度的一个水碳耦合模型，它是利用 FLUXNET 通量网中大量的水碳通量测量数据并基于水量平衡模型开发构建的（Sun et al.，2011a，2011b），主要利用水文过程的中间变量推导碳循环过程变量。在 WaSSI-C 模型中，因为水碳耦合关系的表达式是由大量观测数据推导的，所以能够在月尺度上很好地反映植被生态系统内部的水碳循环过程及它们中间的耦合关系，这也是为什么很多研究将该表达式应用于流域径流分析的其中一个原因（刘宁，2013）。WaSSI-C 模型主要分为三个子模型，包括蒸散模型、萨克拉门托土壤湿度计算模型及碳通量模型。蒸散模型主要是通过 Hamon 公式计算出潜在蒸散（potential evapotranspiration，PET），公式如下：

$$PET = 0.1651 \times n \times K \times P_t \tag{7-1}$$

式中：P_t 为基于每日平均温度计算出的饱和水汽密度，g/m^3；K 为当月日照时数，h，为 12 小时的倍数；n 为当月的天数。

基于 PET（单位：mm）可以得到植被生态系统实际蒸散潜力 ET_p，该参数仅仅代表在没有考虑土壤水分限制的情况下并且水热环境条件良好的植被生态系统可以达到的最大蒸散值，即理论上所具有的蒸散潜力，在计算过程中用到的主要参数是基于中低纬度区域适用性参数方案（Sun et al.，2011a）而确定的，公式为

$$ET_p = 0.174 \times Pre + 0.502 \times PET + 5.31 \times LAI + 0.022\,2 \times PET \times Pre \tag{7-2}$$

式中：Pre 为每月平均降水量，mm；LAI 为月尺度的叶面积指数值。

计算出植被实际蒸散潜力 ET_p 后，要考虑土壤水分等限制因素，因此 WaSSI-C 模型的第二个子模型是考虑了土壤垂直分布特性的萨克拉门托土壤湿度计算模型（Sacramento soil moisture accounting model，SAC-SMA）。作为半分布式水文模型，SAC-SMA 的基本设计包括上层土壤及下层土壤两个方面，同时只考虑流域间（或流域内）土地覆盖的比例（Burnash，1995）。实际蒸散（actual evapotranspiration，AET，后文统一称为 ET）需

要参考土壤中可用于蒸散的有效土壤含水量（available soil water content，SWC），它受到 ET_p 和 SWC 的共同控制，计算公式为

$$ET = \begin{cases} SWC, & SWC < ET_p \\ ET_p, & SWC \geqslant ET_p \end{cases} \tag{7-3}$$

式中：土壤有效含水量 SWC 是利用 SSURGO 土壤数据库通过土壤上层束缚水（UZTWM）和上层自由水（UZFWM）及土壤下层束缚水（LZTWM）相加得到的（Anderson et al., 2006），计算公式为

$$UZTWM = (\theta_{fld} - \theta_{wp})Z_{up} \tag{7-4}$$

$$UZFWM = (\theta_s - \theta_{fld})Z_{up} \tag{7-5}$$

$$LZTWM = (\theta_{fld} - \theta_{wp})(Z_{max} - Z_{up}) \tag{7-6}$$

式中：θ_{fld}、θ_{wp} 和 θ_s 分别为田间持水量、土壤的饱和含水率及萎蔫点，三者都是土壤属性值；整个土壤剖面的深度 Z_{max} 从 SSURGO 数据库中获得，并估计为 SAC-SMA 两层土层的联合深度。萎蔫点是指由于土壤含水量减少，植物的汲水状态几乎停止又在很弱的蒸腾作用下失去了自身的水分进而导致完全萎蔫的状态。若供给土壤相应的水分，则这种萎蔫状态便可恢复，将这种只是由于破坏了蒸腾的平衡所引起的萎蔫状态称为暂时萎蔫（temporary wilting）。而植物在土壤的含水量低于该水分含量时将会萎蔫而死，此时土壤中的水分无法被植物吸收和利用，达到永久萎蔫时的土壤含水量称为萎蔫系数或凋萎系数，它们都可以通过对应的土壤类别得到。

不同的土壤物理性质对应的土壤理化参数都不一样，具体的基于土壤纹理性质 θ_s、θ_{fld} 及 θ_{wp} 参考取值如表 7-2 所示，它们是基于美国农业部划分的 12 种土壤质地对应的物理性质所确定的。

表 7-2　基于土壤物理性质的土壤参数

质地	砂质量分数/%	黏粒质量分数/%	θ_s	θ_{fld}	θ_{wp}
砂土	92	3	0.37	0.15	0.04
壤砂土	82	6	0.39	0.19	0.05
砂壤土	58	10	0.42	0.27	0.09
粉壤土	17	13	0.47	0.35	0.15
粉土	9	5	0.48	0.34	0.11
壤土	43	18	0.44	0.30	0.14
砂黏壤土	58	27	0.42	0.29	0.16
粉黏壤土	10	34	0.48	0.41	0.24
黏壤土	32	34	0.45	0.36	0.21
砂黏土	52	42	0.42	0.33	0.21
粉黏土	6	47	0.48	0.43	0.28
黏土	22	58	0.46	0.40	0.28

通过上述的蒸散模型及萨克拉门托土壤湿度计算模型的联合计算得到蒸散值 ET 后，利用第三个碳回归子模型，将不同植被类型对应的参数 k 值分别代入进行计算从而模拟得到最终实验区的植被生态系统 GPP，碳回归模型中所用部分 k 值参数如表 7-3 所示。

表 7-3　WaSSI-C 模型中部分植被类型对应参数

植被类型	GEP = k × ET	
	k ± SD	R^2
混交林	2.74 ± 1.05	0.89
落叶阔叶林	3.20 ± 1.26	0.93
常绿阔叶林	2.59 ± 0.54	0.92
常绿针叶林	2.46 ± 0.96	0.89
草地	2.12 ± 1.66	0.84
农田	3.13 ± 1.69	0.78
稀疏灌丛	1.33 ± 0.47	0.85
湿地	1.66 ± 1.33	0.78

WaSSI-C 模型具体模拟计算过程如图 7-1 所示，本章没有进行径流分析。

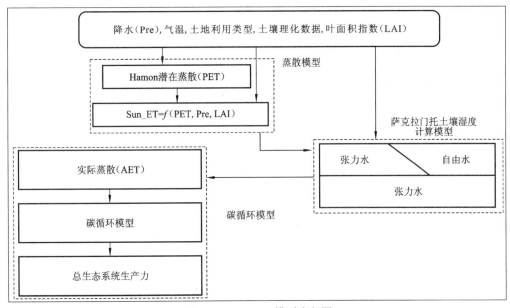

图 7-1　WaSSI-C 模型流程图

2. 小波周期序列分析

小波分析（wavelet analysis）是一种常用的时频（时宽和频宽）局部化分析方法，它具有自适应的虽然大小固定但形状可变换的时频窗口（徐敏，2014）。因其可以同时提供信号的时间和频率信息，小波变换已经成为时间序列分析中局部功率变化的常用工具。

其主要原理是通过将时间序列分解成时频空间，进而确定可变性的主要模态及这些模态如何随时间变化（Christopher et al.，1998）。小波是由可以描述信号在时间（空间）域和频率（尺度）域局部特征的一簇基函数所构成的函数。小波分析最大的优点是不仅可以在任意的时间域或空间域中对信号进行局部分析，还能够发现其他的信号分析方法无法识别并挖掘隐藏在数据中的用来表现结构特征的相关信息。

本章主要使用 Morlet 分析，它是在 20 世纪 80 年代初，由 Morlet 提出的一种具有时-频多分辨功能的小波分析方法，它的提出为探究时间序列周期规律及分布等问题提供了更好的可能性，不仅可以清晰地揭示出在时间序列中隐藏的多种变化周期，充分反映信号在不同时间尺度中的相关变化趋势，还可以对信号未来的发展趋势进行定性的评估估计（Kuang et al.，2014）。在 Matlab 软件系统库中，已经很好地嵌入各类小波分析模块，实现了其自带的分析功能，利用库中现有的小波函数就可以很好地对时间序列数据进行 Morlet 小波分析。

3. 回归分析及趋势变化检测

本小节进行的相关性分析原理是基于皮尔逊积矩相关系数（Pearson product moment correlation coefficient，用 r 表示）计算原理，它已在社会科学研究领域广泛应用（David，2017），变量 x 和 y 的皮尔逊积矩相关系数 r 描述为

$$r^2 = \frac{\left[\sum_{i=1}^{n}(x_i - \overline{x}_i)(y_i - \overline{y}_i)\right]^2}{\sum_{i=1}^{n}(x_i - \overline{x}_i)^2 \sum_{i=1}^{n}(y_i - \overline{y}_i)^2} \tag{7-7}$$

式中：$\overline{x}_i$ 和 $\overline{y}_i$ 分别为 x_i 和 y_i 测量值的平均值；$\sum$ 表示对所有观测值的求和。在统计学中，皮尔逊相关系数 r 是用于表征两个变量 X 和 Y 之间的线性相关关系（不包括其他相关关系），其值的范围介于−1～1。−1 表示完全的负相关（自变量下降时，因变量也会随之下降），+1 则表示完全的正相关，而 0 表示没有任何的线性相关关系（只是没有线性相关关系，不代表没有别的关系）。

本小节实验用到的趋势分析为 Theil-Sen Median 方法，又称为 Sen 斜率估计，是一种稳健的非参数统计的趋势计算方法。该方法计算效率高，对测量误差和利群数据不敏感，适用于长时间序列数据的趋势分析（程昌武，2020）。Theil-Sen 估计量具有易于计算的影响函数，在较大的误差分布范围下具有一致的渐近正态性，它直观地定义为成对斜率的中位数。其计算公式为

$$\beta = \text{Median}\left(\frac{x_j - x_i}{j - i}\right) \forall (j > i) \tag{7-8}$$

式中：Median( ) 代表取中值，若 $\beta > 0$ 则表明为增长趋势，$\beta < 0$ 则表明为下降趋势，0 代表无变化。具体计算方法及 β 取值含义可参见文献（温国涛 等，2018）。对趋势变化检测的结果再进行显著性检验，本小节使用的是 F 检验，即在给定的显著性水平条件下（本小节取 P 值为 0.1），用 F-分布的分布函数检验两个样本值是否来自同一总体，具体计算原理可参考文献（高文义 等，2008）。

4. 干旱指数计算

标准化降水蒸散指数（SPEI）是 Vicente-Serrano 等（2010）提出的一种新的气候干旱指数。本章利用 SPEI 选取三个月的时间尺度作为干旱指数代表。SPEI 基于降水和温度数据，不仅具有多尺度特征，同时还结合考虑了温度变化对干旱评估的影响。该指标的计算过程很详细，包括了气候水平衡、不同时间尺度的赤字/盈余积累及对 log-logistic 概率分布的调整。它的计算方法与 SPI 类似（Thornthwait，1948），具体原理是以气象站点的纬度、月平均气温及逐月降水量为输入数据，根据计算出的潜在蒸散发量，进而求出潜在蒸散发量与月降水量的差值偏离平均值的程度以表征该地区的旱涝状况（张余庆 等，2015）。虽然在数学上 SPEI 与标准化降水指数（SPI）相似，但它包含了温度的作用，以降水和温度作为驱动因子利用简单的水量平衡形式推导而来。Tirivarombo 等（2018）研究表明，SPEI 可以在重度到中度干旱分类中识别出更多的干旱，且随着持续时间的延长其强度也会增加；另外，由于 SPEI 也基于水量平衡推导而来，还可以与自校准的帕尔默（Palmer）干旱严重程度指数（sc-PDSI）进行比较。Vicente-Serrano 等（2010）对位于世界不同地区的一组具有不同气候特征的观测站数据进行了基于三种干旱指标的时间序列研究，结果显示在全球变暖条件下，sc-PDSI 和 SPEI 表明蒸散发导致的干旱严重程度与更高的需水量有关。而相对于 sc-PDSI，SPEI 具有多尺度的优势，对干旱分析和监测具有重要意义。而且 SPEI 是基于统计的指数，只需要气候信息，而不需要对基础系统的特征进行假设。同时，也有研究表明，当时间尺度选取为 3 个月时，更易于表现出干旱的季节性物候特征（Ge et al.，2021）。因此，本小节选取以 3 个月为时间尺度的 SPEI 作为干旱指数进行计算。主要计算公式为

$$D_i = P_i - PET_i \tag{7-9}$$

式中：P_i 为第 i 个月的降水量；PET_i 为第 i 个月的潜在蒸散量。不同的时间尺度，参与计算的降水量和潜在蒸散量个数不同，具体计算公式为

$$D_n^k = \sum_{i=0}^{k-1}(P_{n-i} - PET_{n-i}), \quad n \geq k \tag{7-10}$$

式中：D_n^k 为累积水分亏缺；k 为时间尺度（月），本小节用的时间尺度是 3 个月；n 为计算次数。

因为国家地球系统科学数据中心已经有现成的全球大陆 0.25° 分辨率逐月 SPEI 数据集，该数据集便是利用上述原理，以 GLDAS 数据为输入，结合彭曼公式算法，计算潜在蒸散发量，再结合降水数据基于标准化干旱指数算法计算得到。

依据相关参考文献（Vicente-Serrano et al.，2013），根据 SPEI 的范围值，可以将干旱划分为 5 个等级，包括无旱、轻旱、中旱、重旱和极旱，具体如表 7-4 所示。

表 7-4　干旱程度划分等级

干旱等级	SPEI-3
无旱	≥-0.5
轻旱	-1~-0.5
中旱	-1.5~-1.0

干旱等级	SPEI-3
重旱	$-2.0\sim-1.5$
极旱	$\leqslant-2.0$

7.3 流域生态系统总初级生产力验证分析

7.3.1 模拟 GPP 与 AVHRR_GPP 产品检验

本节对 WaSSI-C 模型模拟的 1981～2015 年每月的 GPP 值进行对比检验，选取了 1981～2015 年月尺度下的 GPP 栅格图像的月均值与提取出来的 AVHRR_GPP 产品栅格图像的月均值进行比较分析。

1. 模拟 GPP 与 AVHRR_GPP 产品的月均值趋势性检验

从图 7-2 可以看出，WaSSI-C 模型模拟的 GPP 值与 AVHRR_GPP 数据产品的月均值在 1981～2015 年总体趋势是一致的，两者随着时间的变化趋势具有较好的一致性，这也在许多研究中得到了印证（Yao et al.，2016）。而且在低值区间，模拟 GPP 与 AVHRR_GPP 产品有着十分良好的一致性。但在高值区间，模拟 GPP 稍低的可能原因是在夏季温度较高雨热同期的情况下，土壤中可供蒸散发所利用的有效含水量并没有预估值高，或者因为取平均值而模糊了整体上一致性的趋势。

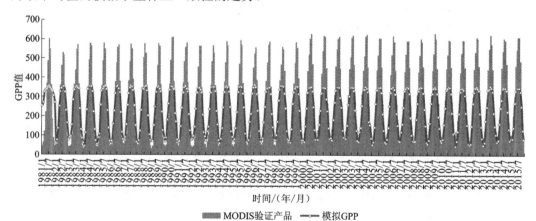

图 7-2 模拟 GPP 与 AVHRR_GPP 产品趋势验证

2. 月均值数据相关性及方差分析

根据 WaSSI-C 模型模拟得到的 GPP 值，利用月尺度下的月均值与 AVHRR_GPP 产品的月均值做相关性及方差分析，从图 7-3 可得决定系数 R^2 为 0.842，相关性良好且通过了显著性检验（p 值<0.01）（表 7-5）。这也说明了在大区域尺度或者流域尺度上，WaSSI-C 模型有着良好的适用性。

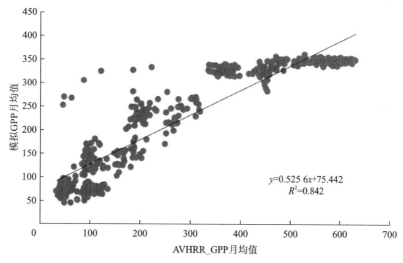

$$y=0.525\ 6x+75.442$$
$$R^2=0.842$$

图 7-3　模拟 GPP 与 AVHRR_GPP 产品散点图

表 7-5　方差分析结果

项目	观测数	求和	平均	方差		
模拟值	420	94 934.94	226.035 6	12 336.94		
验证值	420	120 340.8	286.525 8	37 605.91		
差异源	SS	df	MS	F	p-value	F-crit
行	18 744 610	419	44 736.54	8.592 754	6.15×10^{-29}	1.174 6
列	768 403.9	1	768 403.9	147.590 9	2.65×10^{-29}	3.863 7
误差	2 181 444	419	5 206.31			
总计	21 694 458	839				

注：SS 为离均差平方和，代表数据的总变异；df 为自由度，是在计算某一测量系统时不受限制的变量数；MS 为平均的离均差平方和；F 为方差分析求出的统计量；p-value 为在相应 F 值下的概率值；F-crit 为在相应显著水平下的 F 临界值

7.3.2　基于月尺度的1981～2015年时间序列Morlet小波分析

基于已验证的 WaSSI-C 模型模拟的 GPP 月均值，对其用 Matlab 进行小波周期分析，利用 Morlet 小波分析得到基于月尺度的 1981～2015 年时间序列下的小波系数模平方的时频分布及小波系数方差。所谓 GPP 月均值时间序列的多时间尺度是指：GPP 月均值在演化过程中，并不存在所谓真正意义上的时间变化周期，而是这个变化周期随着研究时间尺度的不同而发生相应的变化，一般而言，小尺度（时间）的变化周期往往嵌套在大尺度的变化周期当中。也就是说，GPP 的月均值变化在时间域中存在多层次的一个时间尺度结构和局部变化的特性。

1. 月尺度 GPP 时频分布周期规律

对于上述利用模型模拟出的月尺度 GPP 月均值，选择利用 Morlet 函数得出的小波系数模值及其对应的模平方来反映以月为时间尺度的周期变化，因 Morlet 小波系数的模值可以很好地反映 GPP 月均值所对应的能量密度在时间域中的分布特性，其系数的模值越大，就表明 GPP 在时间序列中所对应的时间段或者时间尺度的周期性越强。由图 7-4 可知，在 GPP 月均值的演化过程中，第 210~250 个月的时间尺度所对应的模值最大（大于 400），但 1996~1999 年模值却小于 200，说明在此时段内 40 个月（3 年左右）的时间尺度虽然波动情况显著但周期变化并不十分明显，这可能与 1998 年我国发生了特大洪水灾害事件有关。而在 2008~2011 年之后该模值再次增大，此时间序列中的第 210~250 个月时间尺度的周期变化趋于显著，这也与我国在 2008~2011 年干旱频发导致湿润半湿润区植被生态系统 GPP 显著下降所对应。而在 Molert 小波分析中小波系数的模平方就相当于该信号的能量谱，它可以表征不同周期的振荡能量分布情况。由图 7-5 可知，第 210~250 个月的时间尺度的能量最强、周期最显著，但它的周期变化具有局部性（1984~1987 年、1996~1999 年和 2008~2011 年）。此变化周期与小波系数方差图（图 7-6）表征出来的显著年际波动变化情况一致。

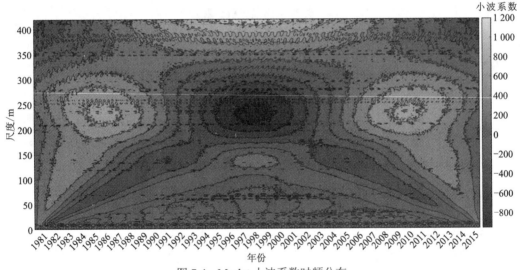

图 7-4　Morlet 小波系数时频分布

2. 月尺度 GPP 小波方差分析

Morlet 小波方差可以反映 GPP 月均值在时间序列中的能量波动随月尺度时间变化的分布情况，因此可以用它来确定 GPP 月均值在时间序列演化过程中存在的主周期。从图 7-6 中可以看出，方差波动存在 3 个较为明显的峰值，它们依次从大到小对应着 1996~1999 年、1984~1987 年和 2008~2011 年的时间尺度。其中，最大峰值对应着 1998 年的月时间尺度，说明 1998 年左右（时间尺度）的周期振荡最强，即 1996~1999 年为 GPP 月均值变化的第一主周期；1984~1987 年的时间尺度对应着该周期变化的第二峰值；第三主周期则为 2008~2011 年。这说明上述三个周期的波动控制着 GPP 月均值在整个

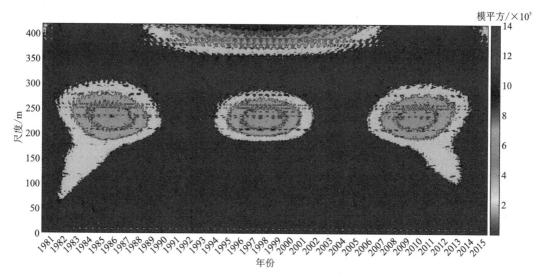

图 7-5　Morlet 模平方时频分布

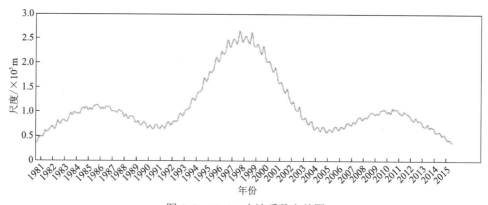

图 7-6　Morlet 小波系数方差图

时间域内的变化特征，7.4 节也将选取与该三个周期所对应时间序列中的以月为时间尺度的干旱指数 SPEI-3 与植被指数 NDVI 分析其空间分布变化趋势，探究干旱及绿度变化对中国湿润半湿润区的影响。

7.4　干旱与绿度变化对中国湿润半湿润地区

总初级生产力的影响

通过小波周期分析得出 GPP 在 1984～1987 年、1996～1999 年及 2008～2011 年三个时间段内能量波动变化显著，同时与小波方差波动变化周期一致，且主周期为 1984～1987 年。本节通过提取研究区干旱指数 SPEI-3 月均值与 GPP 月均值，阐述在 1981～2015 年长时间序列下，GPP 与 SPEI-3 的时间空间协同分布。通过分析干旱事件下的 GPP 与干旱指数 SPEI-3 及 GPP 与植被指数 NDVI 的协同时空变化，探究不同气候带下研究区对干旱及绿度变化的响应差异的相关原因。

本节通过时空序列分析，探究干旱及绿度变化在不同时间尺度下对中国湿润半湿润区植被生态系统 GPP 的影响，同时通过考虑处于不同气候带下的湿润半湿润区域探究干旱及绿度变化因水热条件、气候环境的不同造成的影响。通过干旱指数 SPEI-3 表征的干旱程度及植被指数 NDVI 表征的绿度因子，探究三者在空间上的分布变化趋势及相关影响。同时通过选取 GPP 年际波动显著的年份以月为时间尺度进行时空序列分析，细化干旱及绿度变化对该区域植被生态系统 GPP 的影响及协同变化趋势。

7.4.1 干旱事件下 GPP 协同 SPEI-3 及 NDVI 的时空分析

1. 干旱事件下的 GPP-SPEI-3 时空分析

本节主要是利用标准化降水蒸散指数，SPEI-3 是根据降雨量及蒸散发量计算 3 个月尺度下的干旱指数得出的表征干旱程度的指标，标准化降水蒸散指数（SPEI）是目前广泛应用的标准化降水指数（SPI）的延伸。SPEI 设计的目的是考虑利用降水和潜在蒸散（PET）确定干旱。因此，与 SPI 不同的是，SPEI 可以捕获随着温度升高而对水需求的主要影响。与 SPI 一样，SPEI 可以在 1～48 个月的时间尺度范围内计算。在具有较全降水量及蒸散发量数据的情况下，将标准化降水指数（SPI）的多时间尺度方面与蒸散发信息相结合，使其对气候变化研究更加有用。

本小节基于全球大陆 0.25° 分辨率逐月 SPEI 数据集，通过提取 1981～2015 年每个月的湿润半湿润区的区域 SPEI-3 月均值，将其与该区域的 GPP 月均值放在统一时间序列中探究其变化。从图 7-7 可以看出，GPP 与干旱指数 SPEI-3 在时间上的协同变化趋势整体上是一致的，在 SPEI-3 表征的普遍较湿润的情况下，GPP 产量的值也是比较高的，而在干旱较为严重的情况下，GPP 的产量是较低的，也就是说，在整体的长时间序列下，

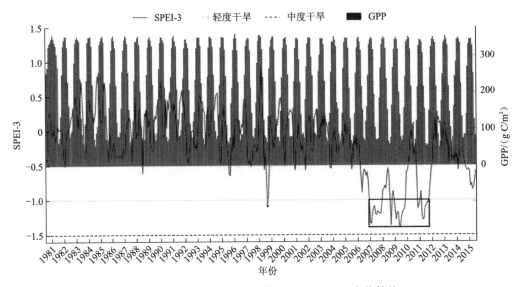

图 7-7 1981～2015 年月尺度下 GPP-SPEI-3 变化趋势

干旱对湿润半湿润区植被生态系统 GPP 是存在抑制作用的, 特别是在较为严重的干旱事件下, GPP 的产值有明显的降低。

大致的干旱事件时间点如表 7-6 所示, 本小节将会在每个时间段内选取典型干旱事件作为代表。如图 7-7 所示, 在 2007～2011 年时间段内较为严重的干旱发生频率较高, 所以主要展示该时间段内的 GPP 与 SPEI-3 的时空变化分布趋势, 并分析在干旱事件下 GPP 受到了何种影响。

表 7-6 干旱事件时间点

SPEI	时间点
$-1 \leqslant$ SPEI $\leqslant -1.5$	1999 年 2 月、2007 年 6～12 月、2008 年 1～5 月、2009 年 1～2 月、2009 年 5～12 月、2010 年 1～3 月、2011 年 4～6 月、2011 年 8～10 月

通过图 7-7 中表征出来的干旱事件, 探究干旱事件对应时间点下的 GPP 月均值与 SPEI-3 值的空间分布规律, 本小节选取 32 个干旱事件时间点(表 7-6)探究 GPP 与 SPEI-3 两者的空间分布规律, 整体上干旱对中国湿润半湿润区的植被生态系统 GPP 是存在抑制作用的, 在干旱指数 SPEI-3 表征的干旱较为严重的区域 GPP 普遍偏低。特别是对连续干旱的月份而言, 例如 2007 年 6～12 月及 2009 年 10 月至 2010 年 3 月, 由于干旱时间持续较长, 引发了大面积区域的干旱, 进而造成了相应区域的 GPP 产量比其他较为湿润区域的 GPP 产量明显偏低。这也说明不仅是在 "骤旱" 的情况下, 长时间的干旱也会抑制植被生态系统 GPP 的产生, 这一点在所选取的研究区中表现得十分明显。在我国湿润半湿润地区随着干旱事件发生频率的不断增加, 或者干旱严重尤其是在重旱、特旱的情况下, GPP 产量整体上会受到明显的抑制。

在水分较为充沛的湿润区域, 由于其处在亚热带季风气候区域, 降水丰沛且植被较为茂盛, 发生严重干旱事件的次数较少, 在发生干旱事件时, 因其干旱程度不严重, 该东南湿润区域的植被生态系统 GPP 没有受到明显的抑制, 甚至没有受到很大的影响。而对降水丰沛情况不如湿润区的半湿润区域(靠近半干旱半湿润区分界线的沿东北至西南区域)来说, 随着干旱事件的发生, 且随着干旱程度的不断加剧, 该区域的植被生态系统 GPP 也会受到明显的抑制作用。这也可能与植被茂密度有关系, 植被在较高温的干旱情况下, 还会不断汲取土壤中的水分, 造成土壤可供蒸散的有效含水量降低。在 NDVI 表征的绿度变化情况下, GPP 有怎样的空间分布, 将在下一小节中进行探究。

2. 干旱事件下的 GPP-NDVI 时空分析

NDVI 能有效反映植被生长信息, 其值介于 -1～1, 值越大表明植被生长状况越好(罗新兰 等, 2020)。其计算公式为

$$NDVI = \frac{NIR - R}{NIR + R} \tag{7-11}$$

式中: NIR 为遥感波段中近红外波段的反射值; R 为红光波段的反射值。

本小节直接利用半月合成等处理后的 GIMMS-NDVI3g 数据, 通过提取 1981～2015 年时间序列下每月中国湿润半湿润地区的 NDVI 月均值, 同样将其与相应时间的 GPP 月

均值放在同一时间系列轴中探究 GPP 与 NDVI 的时间协同变化趋势，如图 7-8 所示。可以看出，在整体趋势上，GPP 与 NDVI 两者的变化趋势是一致的，在 NDVI 值较高的月份，GPP 的值也是高的，NDVI 低值区域 GPP 的值相应也较低。

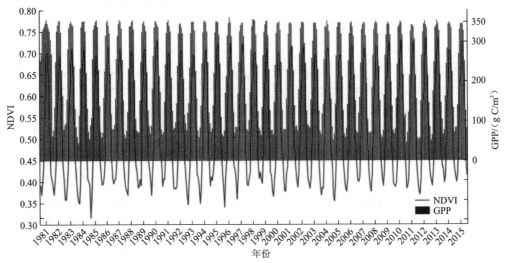

图 7-8　1981～2015 年月尺度下 GPP-NDVI 变化趋势

通过从数据集中掩膜提取 1981～2015 年每月的 NDVI，将干旱事件时间点对应的 NDVI 与 GPP 放在一起探究两者的时空分布规律。在中国湿润半湿润区，植被生态系统的 GPP 产量与 NDVI 的变化趋势在时空上表现是一致的。在 NDVI 月均值较高的区域，GPP 产量也普遍较高，而 NDVI 月均值相对较低的区域，GPP 的产量也普遍较低，尤其是在秋冬季节植被生长普遍不茂盛的情况下，NDVI 普遍较低的大范围区域所对应的 GPP 产量也普遍较低，所以随着植被绿度的降低，GPP 产量也是降低的。这也说明，绿度变化对植被系统 GPP 的影响也是协同变化的，绿度下降对中国湿润半湿润区的植被生态系统 GPP 会产生抑制作用，这一点与干旱的抑制作用是较为相同的。无论是在整体上还是在局部上，两者几乎都是协同变化分布的。

综上所述，影响中国湿润半湿润区植被生态系统 GPP 产量的因素有很多，每个因子并不是单独作用，而是两个或多个因子结合在一起产生影响。在干旱事件下，干旱对湿润半湿润区的影响基本上是存在抑制作用的，而 NDVI 的表现趋势与 GPP 也一致，可以说干旱及绿度变化对中国湿润半湿润区植被生态系统 GPP 的影响作用是较为一致的，在干旱事件下，干旱对中国湿润半湿润区植被生态系统 GPP 呈现抑制作用。而且在绿度偏低的情况下，其对 GPP 的产生也是呈现抑制作用的。实际上，不仅是在干旱事件下，从整体上来说，在整个实验所研究的时间范围内，随着绿度的降低，该区域的 GPP 也存在普遍低产的情况，即绿度偏低会对中国湿润半湿润区植被生态系统 GPP 产生较为明显的抑制作用。

7.4.2　基于五年时间尺度 GPP 协同 SPEI-3 及 NDVI 时空变化趋势

本小节将基于以五年为单位的时间尺度，通过将 1981～2015 年的时间序列以每五年为时间节点进行划分，探究干旱及绿度变化对中国湿润半湿润区植被生态系统 GPP 的时空变化影响。在所划分的 7 个时间节点下，SPEI-3 干旱指数表征的干旱程度变化及植被指数 NDVI 所表征的绿度变化下 GPP 的时空变化趋势，并结合其所在的不同气候带区域条件进行可能性分析。

1. 基于五年时间尺度 GPP 协同 SPEI-3 的时间变化趋势

本小节通过将 1981～2015 年时间序列以每五年为时间节点进行划分（比如 1985 的时间节点为 1981～1985 年囊括五年 60 个月的时间；1990 的时间节点为 1986～1990 年五年时间，以此类推），探究在这五个时间节点下，在 SPEI-3 干旱指数表征的干旱程度变化下 GPP 的变化趋势，通过使用 Matlab 逐像素分法对栅格图像进行 Sen 斜率趋势分析及显著性检验，探究在这五年里 GPP 与 SPEI-3 两者的协同变化趋势。从整体上看，GPP 与 SPEI-3 是协同变化的，且变化趋势大体一致。在 1985 的时间节点下，在干旱程度加剧的情况下 GPP 呈现减少的趋势，表明了在 1981～1985 年干旱对中国湿润半湿润区植被生态系统 GPP 的产生呈抑制作用，这也说明在这五年的时间内，中国湿润半湿润区发生干旱乃至"骤旱"的频次在上升，总体上干旱在不断加剧，降雨量不断减少导致该区植被生态系统的 GPP 产量也在减少。在 1990 的时间节点下，中国湿润半湿润区的干旱有所缓解，降雨量在这五年里总体上是增加的，促使了这五年里 GPP 产量在总体上的增加，总体上两者呈现正相关关系，即在湿润增加的情况下，干旱的缓解有利于 GPP 的增长。而在 1995 的时间节点下，在大部分区域（从该区域东北部到中部）干旱对 GPP 的影响主要是呈现负相关作用的，随着干旱程度的不断加剧，GPP 总体上是在增长的，初步推测这可能是因为这五年里干旱虽然有所加剧，但并没有出现重大干旱事件，所以在雨热同期的情况下，GPP 产量是有可能增加的。而在湿润半湿润区的西南部，GPP 与干旱的变化趋势是一致的，在湿润增加的情况下，GPP 产量总体上也在增加。在 2005 及 2010 这两个时间节点下，中国湿润半湿润区域的变化表现出了高度的一致性，而在 2015 的时间节点下，中部区域的协同变化趋势是一致的，在降雨量增加、湿润度升高的情况下，随着蒸散发量的增加，GPP 还是呈现增加的趋势，但东北和西南地区两者的趋势呈现为相反的，这可能是由于所处的气候带不同。

通过 GPP 与 SPEI-3 两者的时空变化趋势分析，可以得出 GPP 与 SPEI-3 整体变化趋势较为一致，特别是在 1985、1990、2005 及 2015 这 4 个时间节点下。无论是整个中国湿润半湿润区域还是某些干旱加重的局部区域的一致性都表现得非常明显，随着干旱程度的不断加剧，该区域植被生态系统的 GPP 产量是在减少的。但是在 2010 的时间节点下，可能由于该区南部较湿润地区植被茂盛，缺水时植物可以从深层土壤中汲取水分，有利于蒸散发的增加，虽 GPP 产量增加，但反而容易形成"骤旱"，导致干旱程度加剧。所以在 2010 的时间节点（2006～2010 年五年时间尺度）下，研究区的西南区域随着干旱程度的加剧，GPP 反而因为植物蒸散作用的加强而呈现增加的趋势。在 2015 的时间节点下，除了沿半湿润区与半干旱区分界线的区域随着降雨量的增加 GPP 呈现减少的负相关趋势，其他区域都随着降雨量增加，湿润度升高，GPP 产量总体上是在增加的。

综上，大致可以说明 1981～2015 年在中国湿润半湿润区随着干旱频次的不断累积，该区域的植被生态系统 GPP 相应减少。因此,干旱程度的加剧,对中国湿润半湿润区域植被生态系统 GPP 呈现抑制作用。

2. 基于五年时间尺度 GPP 协同 NDVI 的时空变化趋势

同样,依照探究 GPP 与干旱指数 SPEI-3 变化趋势分析的方法,通过将 1981~2015 年时间序列每五年为时间节点进行划分,探究在这五个时间节点下 NDVI 植被指数表征的绿度变化与 GPP 的空间分布变化趋势,同样用 Matlab 对栅格图像进行 Sen 斜率趋势分析并进行显著性检验,逐像素分析探究在这五年里两者的协同变化趋势,除了 1985 这个时间节点,其他的时间节点下(可以说 1986~2015 年 30 年的时间里),湿润区半湿润区 GPP 产量随着绿度的增加总体上呈现增加的趋势,两者在空间分布上比较一致,局部区域 GPP 量由于绿度的减少也是呈现减少的趋势,正相关性较强。在 1985 的时间节点(1981~1985 年)下,虽然中国湿润半湿润区的绿度呈现有所增加的趋势,但很可能是因为(陈劲锋 等,2010)20 世纪 80 年代以前,我国因为经济增长需要,以资源环境的破坏为代价换取了经济的高速增长,虽然 80 年代以后开始逐渐重视环境问题,植被绿度有所升高,但生态环境不是短时间内就可以得到恢复的,这也就是为什么研究区在 1985 的时间节点下,虽然绿度有所升高,但 GPP 依旧呈现减少的趋势。这也告诉我们环境保护可持续发展有多么的重要,在高速发展的同时,也要注重高质量,人与自然和谐共生、共同发展才是硬道理。而在 2005 这个时间节点下,在中国湿润半湿润区的南部区域,随着绿度变化呈现增长的趋势,GPP 产量却呈现出减少的趋势,很有可能因为在 2000~2005 年,地区普遍温度较高,特别是在我国北部地区降水偏少,出现大范围干旱。南方虽干旱范围较小、时间持续较短,在温度居高不下的南亚热带,雨热同期,高温天气往往出现在雨季,再加上湿润半湿润南部地区水汽充足,当雨季少雨时,高温热浪会加速水分的损失进而造成 GPP 产量的减少。这也告诉我们,虽然植树造林可以缓解生态环境压力,但一味谋求发展,忽视碳排放所带来的压力,对全球气候变暖造成的各种生态环境问题不加重视,那么较为茂密的植被生态系统也有可能成为"碳源"而非"碳汇",温室效应依旧得不到缓解,持续性干旱或者"骤旱"发生次数依旧频繁会带来各种连锁效应。

7.4.3 湿润半湿润区不同气候带下干旱及绿度变化对 GPP 的影响

基于上述的实验分析可以发现,对我国湿润半湿润地区来说,局部区域对干旱及绿度变化的响应是不同的,因此,本小节将基于 7.2 节 Morlet 小波分析检测出来的年际变化波动的主周期包括 1984~1987 年、1996~1999 年及 2008~2011 年三个时间段内以年为时间尺度,在湿润半湿润区不同的气候带下协同干旱与绿度探究其时空分布变化趋势,不同的气候带两者之间的变化规律如下:随着我国 20 世纪 90 年代植树造林工程的不断推进,NDVI 所表征的绿度指标在研究时间内呈现出不断升高的趋势,即我国湿润半湿润区域的绿度是不断升高的。但对于不同气候带下的地区,绿度升高所带来的干旱影响效应是不同的,例如处于寒温带及中温带的东北部地区,干旱程度的变化与植被指数 NDVI 的变化是不一致的,两者的变化趋势大致呈现相反的关系。在绿度升高较为明显的时间段内，该区域的干旱程度并没有所缓解反而呈现加重的趋势。这极有可能是因为随着植被覆盖度的增加，在缺水的季节里，气温不断升高从而造成在极端高温下植被因缺水而只能不断从土壤中汲取水分，导致土壤有效含水量下降，造成该区域蒸散发的减少，进而导致干旱程度加重，使得原本干旱的地区可能会更加干旱。我国湿润半湿润区跨越了多个气候带，包括中亚热带、中温带、中热带、北亚热带、南亚热带、寒温带、暖温带、边缘热带及高原温带，这些气候带所对应区域的季节性气候环境不同，其所产生的水热条件也都存在差异，所以植被绿度的升高带来了不一样响应效果。对于不同气候带的地区，因全球气候变化具有难以预测性，其干旱发生频率和程度的缓解或加重，进而会对植被生态系统 GPP 的产量产生何种效果，是抑制或促进，这都值得更多学者去深入研究和探讨，以提供给有关环境保护部门更好的决策支撑依据，来共同应对全球气候变暖大环境下的各种艰巨挑战。

7.5 鄱阳湖流域干旱效应的应用

本节选取中国湿润半湿润区的典型区域，我国最大的湿地生态系统鄱阳湖流域为研究区进行实验分析，探究干旱及绿度变化对鄱阳湖流域植被生态系统 GPP 的影响。首先利用前几章的模型模拟过程及实验结果分析，识别出 2000～2015 年在干旱频次发生较多年份的干旱事件，探究在干旱事件的影响下，该区域植被生态系统 GPP 的空间分布影响，结果表明干旱对鄱阳湖流域植被生态系统 GPP 的产生是存在抑制作用的，特别是在干旱事件发生频次较多且干旱程度较为严重的时间段及区域。然后基于干旱事件的时间点，探究绿度变化对该区域植被生态系统 GPP 的作用影响，结果表明随着绿度增加，在植被较为茂盛的局部区域，随着高温天气事件的发生，在雨季或者缺水的季节，这些区域的 GPP 产量是受到抑制的，产量明显较低。湿地生态系统在自然界中扮演着不可或缺的角色，湿地素来有"地球之肾"的美誉，无论是在水土保持、气候调节还是在生态修复及保护生态多样性方面都有着卓著的贡献，而鄱阳湖作为我国最大的湿地生态系统，理应受到更多的关注及保护，从而避免受到不可修复和挽回的破坏。

7.5.1 鄱阳湖流域地理位置及环境

鄱阳湖位于中国江西省，长江南岸，鄱阳湖作为我国最大的湿地生态系统，也是珍稀候鸟的冬季栖息地，被世界自然基金会列为全球重要生态区域（Tang et al., 2016）。鄱阳湖流域面积为 $16.22×10^4 \ km^2$，在淡水供应、气候调节、污染物分解和防洪等方面发挥着重要作用。因此，本节选取鄱阳湖作为典型代表区域，探究在干旱事件频次发生较多的 2000～2015 年，干旱及绿度变化对鄱阳湖流域植被生态系统 GPP 的影响。

鄱阳湖流域内属于典型的亚热带季风气候，年平均气温为 17.6 ℃，年平均降水量为 1 450～1 550 mm，主要发生在夏季，季节性流量变化很大。该流域包括抚河、赣江、信江、饶河和修水 5 个子流域，并在湖口与长江自由连接（Li et al.，2018）。根据 2000 年的鄱阳湖流域 ETM+土地利用遥感影像统计分类，在该流域土地类型主要以林地为主，约占 54.1%（陆建忠 等，2011），其他土地利用类型如图 7-9 所示。

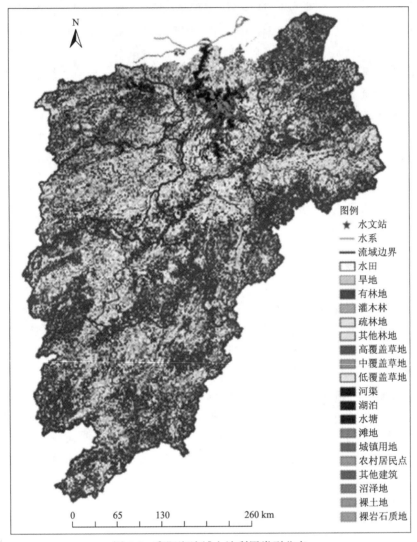

图 7-9　鄱阳湖流域土地利用类型分布

7.5.2　干旱对鄱阳湖流域植被生态系统 GPP 的影响

本小节基于更精细化气象站点的数据利用 WaSSI-C 模型模拟了 2000～2015 年鄱阳湖流域植被生态系统的 GPP，基本步骤及原理都在前几章中进行了详细的介绍，这里不做过多的赘述。但在模型模拟过程中，本小节的主要变化是所用的气象数据不同，气象数据主要来自中国气象网站的涵盖了鄱阳湖流域的 18 个气象站点（图 7-10），通过克里金插值得到气温和降水的栅格图像数据。而对于小区域尺度，针对更精细化的气象站点的气温和降水数据，通过计算干旱指数 SPI 来探究干旱对鄱阳湖流域植被生态系统 GPP 的影响，SPI 与 SPEI 都是能够表征干旱程度的干旱指数，且两者在区域尺度上没有什么区别。虽然降雨量是水可用性的一个主要指标，但温度也是影响水可用性的一个重要因素，因为它控制着蒸散发的速率，降雨量和温度等参数都可以作为干旱的指标。这些指标被转换成干旱指标，以显示干旱的不同特征。标准化降水指数（SPI）依赖于降水作为单输入变量，它只需要用到较少的数据，因此针对鄱阳湖流域，可以基于更精细的气象站点的降水数据来进行研究，并且 SPI 能够在极端类别下比 SPEI 识别出更多的干旱，虽然持续时间较短（Tirivarombo et al.，2018）。在时间序列不长的情况下，基于小区域尺度且更易于搜集到的气象站点气温降水数据，将使用 SPI 且时间尺度同为 3 个月，后文将 SPEI 统称为 SPI 并作为本小节的干旱指数指标进行探究，具体两者区别及算法原理可以参考文献（Tirivarombo et al.，2018）。依据相关干旱指标数据范围，干旱程度划分等级如表 7-7 所示。

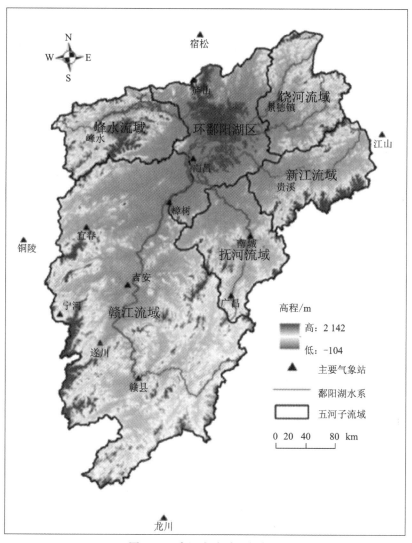

图 7-10 鄱阳湖流域及气象站分布

表 7-7　干旱程度划分等级

干旱等级	SPI
无旱	0.99～0
轻旱	0～-0.99
中旱	-1.00～-1.49
重旱	-1.50～-1.99
特旱	≤-2.00

通过对干旱程度的划分（主要针对重/特旱），基于鄱阳湖流域植被生态系统 2000～2015 年月尺度下的 GPP 月均值数据，将 GPP 与干旱指数 SPI 月均值放在同一个时间序列下进行比较分析（图 7-11）。

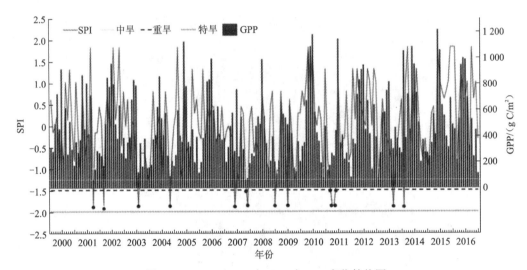

图 7-11　2000～2015 年 GPP 与 SPI 变化趋势图

依据上述计算的干旱指数 SPI 划分干旱程度识别出的干旱事件，将干旱事件下的 GPP 与干旱指数 SPI 栅格图像放在一起进行时空分布变化分析，可以看出在鄱阳湖流域，干旱对该流域植被生态系统 GPP 的产生是具有抑制作用的，无论是在时间上，还是在空间分布上，在干旱指数 SPI 表征的干旱程度较为严重的鄱阳湖流域局部区域的植被生态系统的 GPP 都是普遍较低的，两者在时间和空间上的分布都十分一致。在较为湿润的地区，该流域植被生态系统的 GPP 也普遍较高。综上可以得出，在鄱阳湖流域，干旱对此区域的植被生态系统 GPP 是存在负面作用的。在干旱较为严重的年份，例如 2001 年 9 月，整个鄱阳湖流域植被生态系统的 GPP 普遍较低。这也不得不引起人们的重视，对"需水"的湿地生态系统来说，干旱所造成的影响是很大的，鄱阳湖经历过多次干旱事件后，鄱阳湖湖区面积也在不断缩减，环境保护行动需切合实际而且十分必要和紧急。

7.5.3 干旱事件下绿度对鄱阳湖流域植被生态系统 GPP 的影响

本小节提取了 2000~2015 年鄱阳湖流域 NDVI 每月的均值，探究 GPP 与 NDVI 时空上的协同变化趋势，如图 7-12 所示，从图中可以看出，GPP 月均值与 NDVI 月均值在 2000~2015 年总体上的变化趋势是一致的，NDVI 谷值区间对应着 GPP 的谷值区间。可以说，从整体上来看，NDVI 与 GPP 两者是协同变化的。

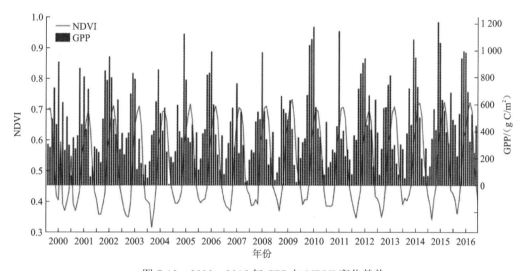

图 7-12 2000~2015 年 GPP 与 NDVI 变化趋势

对于发生干旱事件的月份，尽管 1981~2015 年时间段内整体上的月尺度下的 GPP 月均值与 NDVI 月均值是协同变化的，但在干旱比较严重的情况下，高绿度对鄱阳湖流域植被生态系统的 GPP 也是存在负面影响的，也就是说，随着该流域绿度不断升高，在雨热同期的夏季，当出现高温天气时，该地区水汽充足；当雨季少雨时，高温热浪会加速水分的损失进而造成 GPP 产量的减少。或者在较为缺水的秋冬季，随着某些区域（鄱阳湖流域区的南部）的植被覆盖度增加，因植被蒸散作用受到抑制，反而导致了该地区植被生态系统 GPP 产量较低，这与前几节的实验分析结果一致。同时也有研究表明，鄱阳湖流域绿度的明显升高，可能会加剧人类和植被生态系统供需水分的矛盾，如何能够科学地进行植树造林，在不对人类生活造成很大影响的情况下，有序恢复陆地生态系统也是一个值得各界科学家积极探讨研究的问题。

参 考 文 献

曹博, 张勃, 马彬, 等, 2018. 基于 SPEI 指数的长江中下游流域干旱时空特征分析. 生态学报, 38(17): 6258-6267.

曹永强, 张亭亭, 王学凤, 等, 2014. 黄河流域帕尔默干旱指数的修正及应用. 资源科学, 36(9): 1810-1815.

陈晓峰, 江洪, 牛晓栋, 等, 2016. 季节性高温和干旱对亚热带毛竹林碳通量的影响. 应用生态学报, 27(2): 335-344.

程昌武, 2020. 黄河流域 1982—2015 年植被变化及其影响因素分析. 西安: 长安大学.

程扬. 2020. 水文序列预测模型的耦合及优化研究: 以磨刀溪为例. 重庆: 重庆交通大学.

代子俊, 赵霞, 李冠稳, 等, 2018. 基于 GIMMS NDVI 3g.v1 的近 34 年青海省植被生长季 NDVI 时空变化特征. 草业科学, 35(4): 713-725.

杜文丽, 孙少波, 吴云涛, 等, 2020. 1980—2013 年中国陆地生态系统总初级生产力对干旱的响应特征. 生态学杂志, 39(1): 23-35.

高文义, 林沫, 邓云龙, 等, 2008. F 检验法在年降水量分析计算中的应用. 东北水利水电, 26(4): 33-34.

黄梦杰, 贺新光, 卢希安, 等, 2020. 长江流域的非平稳 SPI 干旱时空特征分析. 长江流域资源与环境, 29(7): 1597-1611.

黄友昕, 刘修国, 沈永林, 等, 2015. 农业干旱遥感监测指标及其适应性评价方法研究进展. 农业工程学报, 31(16): 186-195.

姬梦飞, 汤军, 高贤君, 等, 2021. 基于 Google Earth Engine 的鄱阳湖面积时空变化及驱动因素分析. 水文, 41(6): 40-47.

贾文茜, 任国玉, 于秀晶, 等, 2021. 中国东部季风区不同气候带城市热岛效应的差异. 气候与环境研究, 26(5): 569-582.

孔冬艳, 陈会广, 2020. 近 40 年来中国农作物与耕地受灾时空特征及影响因素分析. 长江流域资源与环境, 29(5): 1236-1246.

李夫鹏, 王正涛, 超能芳, 等, 2020. 利用 Swarm 星群探测亚马逊流域 2015—2016 年干旱事件. 武汉大学学报(信息科学版), 45(4): 595-603.

李军, 王兆礼, 黄泽勤, 等, 2016. 基于 SPEI 的西南农业区气象干旱时空演变特征. 长江流域资源与环境, 25(7): 1142-1149.

李雷, 郑兴明, 赵凯, 等, 2020. 基于 CCI 土壤水分产品的干旱指数评价及其对东北地区粮食产量的影响. 遥感技术与应用, 1(35): 111-119.

李彤杉, 2019. 基于气候区划的中国市域建成区绿地率区域差异研究. 苏州: 苏州科技大学.

李宗梅, 张增祥, 赵晓丽, 等, 2017. 全国干湿分布区动态变化研究. 地球与环境, 45(4): 420-433.

林尚荣, 2020. 考虑区域气候特征与植被特征的 GPP 遥感估算方法研究. 北京: 中国科学院空天信息创新研究院.

凌自苇, 何龙斌, 曾辉, 2014. 三种 Ts/VI 指数在 UCLA 土壤湿度降尺度法中的效果评价. 应用生态学报, 25(2): 545-552.

刘敏, 秦鹏程, 刘可群, 等, 2013. 洪湖水位对不同时间尺度 SPEI/SPI 干旱指数的响应研究. 气象, 39(9): 1163-1170.

刘宁, 孙鹏森, 刘世荣, 等, 2013. 流域水碳过程耦合模拟: WaSSI-C 模型的率定与检验. 植物生态学报, 37(6): 492-502.

刘琼玉, 2019. 中温带湿润和半湿润区景观动态多尺度分析. 沈阳: 沈阳大学.

刘爽, 宫鹏, 2012. 2000—2010 年中国地表植被绿度变化. 科学通报, 57(16): 1423-1434.

刘宪锋, 朱秀芳, 潘耀忠, 等, 2015. 农业干旱监测研究进展与展望. 地理学报, 70(11): 1835-1848.

刘雅婷, 龚龑, 段博, 等, 2020. 多时相 NDVI 与丰度综合分析的油菜无人机遥感长势监测. 武汉大学学报(信息科学版), 45(2): 265-272.

陆建忠, 陈晓玲, 李辉, 等, 2011. 基于 GIS/RS 和 USLE 鄱阳湖流域土壤侵蚀变化. 农业工程学报, 27(2): 337-344, 397.

罗新兰, 李英歌, 殷红, 等, 2020. 东北地区植被 NDVI 对不同时间尺度 SPEI 的响应. 生态学杂志, 39(2): 412-421.

任中杰, 黄秋锋, 2017. 土壤水分遥感产品降尺度方法研究. 黑龙江生态工程职业学院学报, 30(5): 29-31.

芮孝芳, 蒋成煜, 张金存, 2006. 流域水文模型的发展. 水文, 26(3): 22-26.

沈焕锋, 叶子卓, 姜红涛, 等, 2023. 融合微波遥感与模型模拟的时空无缝土壤湿度数据生成方法. 武汉大学学报(信息科学版): 1-12.

孙晓敏, 温学发, 于贵瑞, 等, 2006. 中亚热带季节性干旱对千烟洲人工林生态系统碳吸收的影响. 中国科学: 地球科学(S1): 103-110.

唐国强, 龙笛, 万玮, 等, 2015. 全球水遥感技术及其应用研究的综述与展望. 中国科学: 技术科学, 45(10): 1013-1023.

王健, 2018. 土壤湿度变化对全球陆-气耦合热点地区近地层温度影响的研究. 兰州: 兰州大学.

王蕊, 夏军, 张文华, 2009. 一种新的概念性水文模型及其应用研究. 水文, 29(2): 1-6.

温国涛, 白建军, 孙嵩松, 2018. 基于时间序列遥感数据的陕西省 2004—2014 年干旱变化特征分析. 干旱地区农业研究, 36(1): 221-229.

谢五三, 唐为安, 宋阿伟, 2019. 多时间尺度 SPI 在安徽省气象干旱监测中的适用性研究. 气象, 45(11): 1560-1568.

徐敏, 2014. 小波水文分析在年降水量分析中的应用. 东北水利水电, 32(4): 20-21.

徐勇, 黄雯婷, 靖娟利, 等, 2020. 京津冀地区植被 NDVI 动态变化及其与气候因子的关系. 水土保持通报, 40(5): 319-327.

徐忠峰, 张炜月, 郭维栋, 2015. 大尺度土地利用变化对区域气温及其变率的影响. 中国基础科学, 17(5): 34-39.

姚晓磊, 鱼京善, 李占杰, 等, 2019. CCI 遥感土壤水在东北粮食主产区表征干旱的准确性评估. 北京师范大学学报(自然科学版), 55(2): 233-239.

殷欢欢, 2021. 干旱高温对中国植被总初级生产力的影响. 兰州: 西北师范大学.

尹国应, 张洪艳, 张良培, 2022. 2001—2019 年长江中下游农业干旱遥感监测及植被敏感性分析. 武汉大学学报(信息科学版), 47(8): 1245-1256.

尹茜茜, 乐旭, 周浩, 等, 2020. 全球 FLUXNET 站点总初级生产力的年际变化及其主导因子解析. 大气科学学报, 43(6): 1106-1114.

袁星, 王钰淼, 张苗, 等, 2020. 关于骤旱研究的一些思考. 大气科学学报, 43(6): 1086-1095.

曾毓金, 谢正辉, 2015. 基于 CMIP5 模拟的中国区域陆气耦合强度评估及未来情景预估. 气候与环境研究, 20(3): 337-346.

张更喜, 粟晓玲, 郝丽娜, 等, 2019. 基于 NDVI 和 scPDSI 研究 1982—2015 年中国植被对干旱的响应. 农业工程学报, 35(20): 145-151.

张娟, 姚晓军, 李净, 等. 2023. 基于多源遥感数据的甘肃省农业干旱研究. 干旱区地理, 46(1): 11-22.

张珂, 牛杰帆, 李曦, 等, 2021. 洪水预报智能模型在中国半干旱半湿润区的应用对比. 水资源保护, 37(1)：28-35, 60.

张明敏, 2020. 高寒山区土壤水分数据集验证及降尺度研究. 兰州: 兰州大学.

张明敏, 张兰慧, 李峰, 等, 2020. 祁连山区 DISPATCH, 多元回归降尺度方法及 SMAP 产品的应用对比. 北京师范大学学报(自然科学版), 56(1): 110-121.

张群, 2011. 西北荒漠化地区生态民居建筑模式研究. 西安: 西安建筑科技大学.

张余庆, 项瑛, 陈昌春, 等, 2015. 赣江流域旱涝时空变化特征研究. 气象科学, 35(3): 346-352.

赵晓妮. 未来我国骤发干旱或加重. 中国气象报, 2016-08-29(3).

中国气象局, 2017. 气象干旱等级(GB/T 20481—2017). 北京: 中国标准出版社.

周洪奎, 武建军, 李小涵, 等, 2019. 基于同化数据的标准化土壤湿度指数监测农业干旱的适宜性研究. 生态学报, 39(6): 2191-2202.

Akritas M G, Murphy Susan A, Lavalley Michael P, 1995. The Theil-Sen estimator with doubly censored data and applications to astronomy. Journal of the American Statistical Association, 90(429): 170-177.

Allen R G, Pereira L R D, 1998. Crop evapotranspiration: Guidelines for computing crop water requirement. United Nations Food and Agriculture Organization, Rome, Italy.

Anderson R M, Koren V I, Reed S M, 2006. Using SSURGO data to improve Sacramento Model a priori parameter estimates. Journal of Hydrology, 320(1/2): 103-116.

Anon, 2017. Little change in heat requirement for vegetation green-up on the Tibetan Plateau over the warming period of 1998-2012. Agricultural and Forest Meteorology, 232(S1): 650-658.

Arabinda Sharma, 2010. Integrating terrain and vegetation indices for identifying potential soil erosion risk area. Geo-Spatial Information Science, 13(3): 201-209.

Arnold J G, Fohrer N, 2005. SWAT2000: Current capabilities and research opportunities in applied watershed modeling. Hydrological Process, 19(3): 563-572.

Ashok K M, Vijay P S, 2010. A review of drought concepts. Journal of Hydrology, 391(1): 202-216.

Beer C, Reichstein M, Tomelleri E, et al., 2010. Terrestrial gross carbon dioxide uptake: Global distribution and covariation with climate. Science, 329(5993): 834-838.

Bojinski S, Verstraete M, Peterson T C, et al., 2014. The concept of essential climate variables in support of climate research, applications, and policy. Bulletin of the American Meteorological Society, 95(9): 1431-1443.

Bruijnzeel L, Scatena F, 2011. Hydrometeorology of tropical montane cloud forests. Hydrological. Process, 25(3)：319-326.

Burnash R J, 1995. The NWS River Forecast System-catchment modeling.//Singh V P. Computer models of watershed hydrology. Colorado: Water Resources Publications: 311-366.

Burnash R J, Ferral R L, Mcguire R A, 1973. A generalized streamflow simulation system-conceptual modeling for digital computers. Sacramento: Joint Federal and State River Forecast Center, US National Weather Service and California Department of Water Resources.

Cai Y L, Fan P R, Muhammad Y, et al., 2022. Downscaling of SMAP soil moisture data by using a deep belief network. Remote Sensing, 14(22): 5681.

Caldwell P V, Kennen J G, Sun G, et al., 2015. A comparison of hydrologic models for ecological flows and water availability. Ecohydrology, 8(8): 1525-1546.

Caldwell P V, Sun G, Mcnulty S G, et al., 2012. Impacts of impervious cover, water withdrawals, and climate change on river flows in the conterminous US. Hydrology and Earth System Sciences, 16(8): 2839-2857.

Carrão H, Russo S, Sepulcre-Canto G, et al., 2016. An empirical standardized soil moisture index for agricultural drought assessment from remotely sensed data. International Journal of Applied Earth Observation and Geoinformation, 48: 74-84.

Chan D, Wu Q, 2015. Significant anthropogenic-induced changes of climate classes since 1950. Scientific Reports, 5: 13487.

Chen S D, Zhang L P, Zhang Y J, et al., 2020. Evaluation of Tropical Rainfall Mission (TRMM) satellite precipitation products for drought monitoring over the middle and lower reaches of the Yangtze River Basin, China. Journal of Geographical Sciences, 30(1): 53-67.

Chen X, Zhang L, Zou L, et al., 2019. Spatio-temporal variability of dryness/wetness in the middle and lower reaches of the Yangtze River Basin and correlation with large-scale climatic factors. Meteorology and Atmospheric Physics, 131(3): 487-503.

Cheng Z G, Zhang Y M, Xu Y, 2015. Projection of climate zone shifts in the 21st century in China based on CMIP5 models data. Climate Change Research, 11(2): 93-101.

Choudhury B J, DiGirolamo N E, 1998. A biophysical process-based estimate of global land surface evaporation using satellite and ancillary data I: Model description and comparison with observations. Journal of Hydrology, 205(3): 164-185.

Christopher T, Gilbert P C, 1998. A practical guide to wavelet analysis. Bulletin of the American Meteorological Society, 79: 61-78.

Ci L J, Yang X H, Chen Z X, 2002. The potential impacts of climate change scenarios on desertification in China. Earth Science Frontiers, 9(2): 287-294.

Clark K E, Torres M A, West A J, et al., 2014. The hydrological regime of a forested tropical Andean catchment. Hydrology And Earth System Sciences, 18(12): 5377-5397.

Cook B I, Smerdon J E, Seager R, et al., 2014. Global warmingand 21st century drying. Climate Dynamics, 43: 2607-2627.

Cui H Z, Jiang L M, Du J Y, et al., 2017. Evaluation and analysis of AMSR-2, SMOS, and SMAP soil moisture products in the Genhe area of China. Journal of Geophysical Research Atmospheres, 122(16): 8650-8666.

Cui L F, Wang L C, Lai Z P, et al., 2017. Innovative trend analysis of annual and seasonal air temperature and rainfall in the Yangtze River Basin, China during 1960—2015. Journal of Atmospheric and Solar-Terrestrial Physics, 164: 48-59.

David M, 2017. Complex dendroclimatological analysis of Scots Pine Forests in Hungary in the light of the climate change of the past 100 Years. Szeged University(Hungary).

Denissen J M C, Orth R, Wouters H, et al., 2021. Soil moisture signature in global weather balloon soundings. NPJ Climate and Atmospheric Science, 4(1): 2397-3722.

Dirmeyer P A, 2011. The terrestrial segment of soil moisture-climate coupling. Geophysical Research Letters, 38: L16702.

Dorigo W A, Wagner W, Hohensinn R, et al., 2011. The International Soil Moisture Network: A data hosting facility for global in situ soil moisture measurements. Hydrology and Earth System Sciences, 15(139): 1675-1698.

Dorigo W, Wagner W, Albergel C, et al., 2017. ESA CCI soil moisture for improved earth system understanding: State-of-the art and future directions. Remote Sensing of Environment, 203: 185-215.

Doughty C E, Metcalfe D B, Girardin C A J, et al., 2015. Source and sink carbon dynamics and carbon allocation in the Amazon basin. Global Biogeochemical Cycles, 29(5): 645-655.

Dracup J A, Lee K S, Paulson E G, 1980. On the defnition of droughts. Water Resources Research, 2(16): 297-302.

Duan K, Sun G, Sun S L, et al., 2016. Divergence of ecosystem services in US national forests and Grasslands under a changing climate. Scientific Reports, 6(1): 24441.

Feng S, Hu Q, Huang W, et al., 2014. Projected climate regime shift under future global warming from multi-model, multi-scenario CMIP5 simulations. Global and Planetary Change, 112: 41-52.

Ford T W, Labosier C F, 2017. Meteorological conditions associated with the onset of flash drought in the Eastern United States. Agricultural and Forest Meteorology, 247: 414-423.

Fuentes I, van Ogtrop F, Vervoort R W, 2020. Long-term surface water trends and relationship with open water evaporation losses in the Namoi catchment, Australia. Journal of Hydrology, 584: 124714.

Ge W Y, Han J Q, Zhang D J, et al., 2021. Divergent impacts of droughts on vegetation phenology and productivity in the Yungui Plateau, Southwest China. Ecological Indicators, 127: 107743.

González-Zamora Á, Sánchez N, Pablos M, et al., 2019. CCI soil moisture assessment with SMOS soil moisture and in situ data under different environmental conditions and spatial scales in Spain. Remote Sensing of Environment, 225: 469-482.

Grinsted A, Moore J C, Jevrejeva S, 2004. Application of the cross wavelet transform and wavelet coherence to geophysical time series. Nonlinear Processes in Geophysics, 11(5-6): 561-566.

Guo S Q, Wu R G, 2019. Contribution of El Niño amplitude change to tropical Pacific precipitation decline in the late 1990s. Atmospheric and Oceanic Science Letters, 12(5): 355-360.

Guo Z, Dirmeyer P A, Koster R D, et al., 2006. GLACE: The global land-atmosphere coupling experiment. Part II: Analysis. Journal of Hydrometeorology, 7(4): 611-625.

Haga H, Matsumoto Y, Matsutani J, et al., 2005. Flow paths, rainfall properties, and antecedent soil moisture controlling lags to peak discharge in a granitic unchanneled catchment. Water Resources Research, 41(12): W12410.

Hansen M C, Potapov P V, Moore R, et al., 2013. High-resolution global maps of 21st-century forest cover change. Science, 342(6160): 850-853.

Hastie T, Tibshirani R, 1986. Generalized additive models. Statistical Science, 1(3): 297-310.

Heim R R, 2002. A review of twentieth century drought indices used in the United States. Bulletin of the American Meteorological Society, 83(8): 1149-1165.

Hilker T, Lyapustin A I, Lyapustin C J, et al., 2014. Vegetation dynamics and rainfall sensitivity of the Amazon. Proceedings of the National Academy of Sciences of the United States of America, 111(45): 16041-16046.

Hong X J, Guo S L, Xiong L H, et al., 2015. Spatial and temporal analysis of drought using entropy-based standardized precipitation index: A case study in Poyang Lake basin, China. Theoretical and Applied Climatology, 122(3): 543-556.

Hu Z M, Piao S L, Knapp A K, et al., 2022. Decoupling of greenness and gross primary productivity as aridity decreases. Remote Sensing of Environment, 279: 113120.

Huang J P, Ji M X, Xie Y K, et al., 2016a. Global semi-arid climate change over last 60 years. Climate Dynamics, 46(3/4): 1131-1150.

Huang J P, Yu H P, Guan X D, et al., 2016b. Accelerated dryland expansion under climate change. Nature Climate Change, 6(2): 166-171.

Huang S Z, Chang J X, Leng G Y, et al., 2015. Integrated index for drought assessment based on variable fuzzy set theory: A case study in the Yellow River Basin, China. Journal of Hydrology, 527: 608-618.

Im J, Park S, Rhee J, et al., 2016. Downscaling of AMSR-E soil moisture with MODIS products using machine learning approaches. Environmental Earth Sciences, 75(15): 1120.

Ji Z H, Li N, Wu X H, 2018. Threshold determination and hazard evaluation of the disaster about drought/flood sudden alternation in Huaihe River basin, China. Theoretical and Applied Climatology, 133(3): 1279-1289.

Jiang H, Shen H, Li H, et al., 2017. Evaluation of multiple downscaled microwave soil moisture products over the central Tibetan Plateau. Remote Sensing, 9(5):402.

Khalyani A H, Gould W A, Harmsen E, et al., 2016. Climate change implications for tropical islands: Interpolating and interpreting statistically downscaled GCM projections for management and planning. Applied Meteorology and Climatology, 55(2): 265-282.

Kim J, Hogue T S, 2012. Improving spatial soil moisture repre-sentation through integration of AMSR-E and MODIS products. IEEE Transactions on Geoscience and Remote Sensing, 50(2): 446-460.

Koster R D, Dirmeyer P A, Guo Z C, et al., 2004. Regions of strong coupling between soil moisture and precipitation. Science, 305(5687): 1138-1140.

Koster R D, Suarez M J, 2001. Soil moisture memory in climate models. Journal of Hydrometeorology, 2(6): 558-570.

Kovacevic A B, Songsheng Y Y, Wang J M, et al., 2020. Probing the elliptical orbital configuration of the close binary of supermassive black holes with differential interferometry. Astronomy & Astrophysics, 644: A88.

Kuang C P, Su P, Gu J, et al., 2014. Multi-time scale analysis of runoff at the Yangtze estuary based on the Morlet wavelet transform method. Journal of Mountain Science, 11(6): 1499-1506.

Leng G Y, Tang Q H, Rayburg S, 2015. Climate change impactson meteorological，agricultural and hydrological droughts in China. Global and Planetary Change, 126: 23-34.

Li B, Yang G S, Wan R R, et al., 2018. Hydrodynamic and water quality modeling of a large floodplain lake (Poyang Lake) in China. Environmental Science and Pollution Research, 25(35): 35084-35098.

Li X, Sha J, Wang Z L, 2019. Comparison of drought indices in the analysis of spatial and temporal changes of climatic drought events in a basin. Environmental Science and Pollution Research International, 26(11): 10695-10707.

Liu L, Gudmundsson L, Hauser M, et al., 2020. Soil moisture dominates dryness stress on ecosystem production globally. Nature Communications, 11(1): 4892.

Liu N, Sun P S, Liu S R, et al., 2013a. Coupling simulation of water-carbon processes for catchment: Calibration and validation of the WaSSI-C model. Chinese Journal of Plant Ecology, 37(6): 492-502.

Liu N, Sun P S, Liu S R, et al., 2013b. Determination of spatial scale of response unit for WASSI-C eco-hydrological model: A case study on the upper Zagunao River watershed of China. Chinese Journal of Plant Ecology，37: 132-141.

Liu X Y, Lai Q, Yin S, et al., 2022. Exploring sandy vegetation sensitivities to water storage in China's arid and semi-arid regions. Ecological Indicators, 136: 108711.

Liu Y S, Meng Q H, Chen R, et al., 2004. Improvement of similarity measure: Pearson product-moment correlation coefficient. Journal of Chinese Pharmaceutical Sciences, 13(3): 180-186.

Liu Y, Li L H, Chen X, et al., 2018. Temporal-spatial variations and influencing factors of vegetation cover in Xinjiang from 1982 to 2013 based on GIMMS-NDVI$_3$g. Global and Planetary Change, 169: 145-155.

Lo M, Wu W, Tang L, et al., 2021. Temporal changes in land surface coupling strength: An example in a semi-arid region of Australia. Journal of Climate, 34(4): 1503-1513.

Lu J, Zhang L, Cui X, et al., 2019. Assessing the climate forecast system reanalysis weather data driven hydrological model for the Yangtze river basian in China. Applied Ecology and Environmental Research, 17(2): 3615-3632.

Ma D Y, Deng H Y, Yin Y H, et al., 2019. Sensitivity of arid/humid patterns in China to future climate change under a high-emissions scenario. Journal of Geographical Sciences, 29(1): 29-48.

Ma J, Zhou J, Zhang Y J, et al., 2018. Evaluation of AMSR2 and MODIS land surface temperature using ground measurements in Heihe river basin.//IGASS 2018-2018 IEEE International Geoscience and Remote Sensing Symposium, New York: 1-9.

McKee T B, Doesken N J, Kleist J, 1993. The relationship of drought frequency and duration to time scales.// Proceedings of the 8th Conference on Applied Climatology, San Francisco, CA, USA: 179-183.

McNulty S, Cohen E, Sun G, et al., 2016. Hydrologic modeling for water resource assessment in a developing country: The Rwanda case study. Forest and the Water Cycle: Quantity, Quality, Management: 181-203.

Medley C N, Patterson G, Parker M J, et al., 2011. Observing, studying, and managing for change. Proceedings of the Fourth Interagency Conference on Research in the Watersheds: US. Geological Survey Scientific Investigations Report: 2011-5169, 202.

Mishra A K, Singh V P, 2010. A review of drought concepts. Journal of Hydrology, 391 (1/2): 202-216.

Mu Q, Zhao M, Kimball J S, et al., 2013. A remotely sensed gloabal terrestrial drought severity index. Bulletin of the American Meteorological Society, 94(1): 83-98.

Palmer W, 1965. Meteorological drought, vol.30. US Department of Commerce. Weather Bureau, Washington DC.

Piao S L, Nan H J, Chris H F, et al., 2014. Evidence for a weakening relationship between interannual temperature variability and northern vegetation activity. Nature Communications, 10(5): 5018.

Portal G, Vall-Llossera M, Piles M, 2018. A spatially consistent downscaling approach for SMOS using an adaptive moving window. IEEE Journal of Selected Topics in Applied Earth Observations and Remote Sensing, 11(6): 1883-1894.

Sáanchez N, González-Zamora A, Piles M, et al., 2016. A new soil moisture agricultural drought index (SMADI) integrating MODIS and SMOS products: A case of study over the Iberian Peninsula. Remote Sensing, 8(4): 287.

Salim H A, Chen X L, Gong J Y, et al., 2009. Analysis of China vegetation dynamics using NOAA-AVHRR data from 1982 to 2001. Geo-Spatial Information Science, 12(2): 146-153.

Sang Y F, Wang Z G, Liu C M, 2013. Spatial and temporal variability of daily temperature during 1961–2010 in the Yangtze River Basin, China. Quaternary International, 304: 33-42.

Seneviratne S I, Corti T, Davin E L, et al., 2010. Investigating soil moisture-climate interactions in a changing climate: A review. Earth-Science Reviews, 99(3/4): 125-161.

Seneviratne S I, Lüthi D, Litschi M, et al., 2006. Land-atmosphere coupling and climate change in Europe. Nature, 443(7108): 205-209.

Seneviratne S I, Wilhelm M, Stanelle T, et al., 2013. Impact of soil moisture-climate feedbacks on CMIP5 projections: First results from the GLACE-CMIP5 experiment. Geophysical Research Letters, 40(19): 5212-5217.

Sims D A, Rahman A F, Cordova V D, et al., 2006. On the use of MODIS EVI to assess gross primary productivity of North American ecosystems. Journal of Geophysiccal Research-Biogeosciences, 111(G4): G04015.

Sun D, Pinker R T, 2004. Case study of soil moisture effect on land surface temperature retrieval. IEEE Geoscience and Remote Sensing Letters, 1(2): 127-130.

Sun G, Alstad K, Chen J Q, et al., 2011a. A general predictive model for estimating monthly ecosys-em evapotranspiration. Ecohydrology, 4(2): 245-255.

Sun G, Caldwell P, Noormets A, et al., 2011b. Upscaling key ecosystem functions across the conterminous United States by a water-centric ecosystem model. Journal of Geophysical Research: Biogeosciences, 116(G3): 2005-2012.

Sun G, McNulty S G, Moore Myers J A, et al., 2008. Impacts of multiple stresses on water demand and supply across. Journal of the American Water Resources Association, 44(6): 1441-1457.

Sun S L, Sun G, Caldwell P, et al., 2015. Drought impacts on ecosystem functions of the U.S. national forests and grasslands: part II assessment results and management implications. Forest Ecology and Management, 353: 269-279.

Sur C, Kang D H, Lim K J, et al., 2020. Soil moisture-vegetation-carbon flux relationship under agricultural drought condition using optical multispectral sensor. Remote Sensing, 12(9): 1359.

Szalai S, Szinell C, Zoboki J, 2000. Drought monitoring in Hungary. Early Warning Systems for Drought

Preparedness and Drought Management, Lisbon, Portugal, 1037: 161-176.

Tague C L, Band L E, 2004. RHESSys: Regional hydro-ecologic simulation system-an object-oriented approach to spatially distributed modeling of carbon, water, and nutrient cycling. Earth. Interact, 8(19): 145-147.

Tang L L, Cai X B, Gong W S, et al., 2018. Increased vegetation greenness aggravates water conflicts during lasting and intensifying drought in the Poyang Lake watershed, China. Forests, 9(1): 24.

Tang X G, Li H P, Xu X B, et al., 2016. Changing land use and its impact on the habitat suitability for wintering Anseriformes in China's Poyang Lake region. Science of the Total Environment, 557/558: 296-306.

Tao H, Gemmer M, Jiang J H, et al., 2012. Assessment of CMIP3 climate models and projected changes of precipitation and temperature in the Yangtze River Basin, China. Climatic Change, 111(3): 737-751.

Thornthwaite C W, 1948. An approach toward a rational classification of climate. New York: American Geographical Society.

Tirivarombo S, Osupile D, Eliasson P, 2018. Drought monitoring and analysis: Standardised precipitation evapotranspiration index (SPEI) and standardised precipitation index (SPI). Physics and Chemistry of the Earth, Parts A/B/C, 106: 1-10.

Traore B B, Kamsu-Foguem B, Tangara F, 2018. Deep convolution neural network for image recognition. Ecological Informatics, 48:257-268.

Trenberth K E, Fasullo J T, Kiehl J, 2009. Earth's global energy budget. Bulletin of the American Meteorological Society, 90(3): 311-323.

Tucker C J, Sellers P J, 1986. Satellite remote sensing of primary production. International Journal of Remote Sensing, 7(11): 1395-1416.

Ullah W, Wang G, Gao Z, et al., 2021. Observed linkage between Tibetan Plateau soil moisture and South Asian summer precipitation and the possible mechanism. Journal of Climate, 34(1): 361-377.

Van Beusekom A E, Gould W A, et al., 2015. Climate change and water resources in a tropical island system: Propagation of uncertainty from statistically downscaled climate models to hydrologic models. International Journal of Climatology, 36(9): 3370-3883.

Vicente-Serrano M S, Beguería S, López-Moreno J I, 2010. A multiscalar drought index sensitive to global warming: The standardized precipitation evapotranspiration index. Journal of Climate, 23(7): 1696-1718.

Vicente-Serrano M S, Gouveia C, Camarero J J, et al., 2013. Response of vegetation to drought time-scales across globalland biomes. Proceedings of the National Academy of Sciences of the United States of America, 110(2): 52-57.

Walker D A, 2017. JMASM 48: The pearson product-moment correlation coefficient and adjustment indices: The fisher approximate unbiased estimator and the olkin-pratt adjustment(SPSS). Journal of Modern Applied Statistical Methods, 16(2): 540-546.

Wang S S, Mo X G, Hu S, et al., 2018a. Assessment of droughts and wheat yield loss on the North China Plain with an aggregate drought index (ADI) approach. Ecological Indicators, 87: 107-116.

Wang Y X, Zhang T, Chen X, et al., 2018b. Spatial and temporal characteristics of droughts in Luanhe River basin, China. Theoretical and Applied Climatology, 131(3): 1369-1385.

Wei F, Wang S, Fu B, et al., 2020. Nonlinear dynamics of fires in Africa over recent decades controlled by precipitation. Global Change Biology, 26(8): 4495-4505.

Wohl E, Barros A, Brunsell N, et al., 2012. The hydrology of the humid tropics. Nature Climate Change, 2(9): 655-662.

Wu J, AlbertLP, LopesAP, et al., 2016. Leaf development and demography explain photosynthetic seasonality in Amazon evergreen forests. Science, 351(6276): 972-976.

Wu W, Dickinson R E, 2004. Time scales of layered soil moisture memory in the context of land-atmosphere interaction. Journal of Climate, 17(14): 2752-2764.

Xu X B, Hu H Z, Tan Y, et al., 2019. Quantifying the impacts of climate variability and human interventions on crop production and food security in the Yangtze River Basin, China, 1990–2015. Science of the Total Environment, 665: 379-389.

Yang B, Wang Q J, Xu X T, 2018. Evaluation of soil loss change after grain for green project in the loss plateau: A case study of Yulin, China. Environmental Earth Sciences, 77(8): 304.

Yao B N, Chen B Z, Che M L, 2016. Spatial-temporal change of gross primary productivity in the Poyang Lake basin from 2000 to 2013 and correlation with meteorologic factors. Chinese Bulletin of Botany, 516(5): 639-649.

Yin Y H, Ma D Y, Wu S H, 2018. Climate change risk to forests in China associated with warming. Scientific Reports, 8(1): 493.

Zhang G W, Zeng G, Yang X Y, et al., 2021. Future changes in extreme high temperature over China at 1.5℃-5℃ global warming based on CMIP6 simulations. Advances in Atmospheric Sciences, 38(2): 253-267.

Zhang L, Chen X L, Cai X B, et al., 2010. Spatial-temporal changes of NDVI and their relations with precipitation and temperature in Yangtze River basin from 1981 to 2001. Geo-spatial Information Science, 13(3): 186-190.

Zhang L, Chen X, Lu J, et al., 2019. Precipitation projections using a spatiotemporally distributed method: A case study in the Poyang Lake watershed based on the MRI-CGCM3. Hydrology and Earth System Sciences, 23(3): 1649-1666.

Zhang L X, Sun G, Cohen E, et al., 2018. An improved water budget for the el Yunque national forest, Puerto Rico, as determined by the water supply stress index model. Forest Science, 64(3): 268-279.

Zhang Z Y, Koren V, Reed S, et al., 2012. SAC-SMA a priori parameter differences and their impact on distributed hydrologic model simulations. Journal of Hydrology, 420: 216-227.

Zhao A Z, Zhang A B, Cao S, et al., 2018. Responses of vegetation productivity to multi-scale drought in Loess Plateau, China. Catena, 163: 165-171.

Zhao T B, Chen L, Ma Z G, 2014. Simulation of historical and projected climate change in arid and semiarid areas by CMIP5 models. Chinese Science Bulletin, 59(4): 412-429.

Zhao H F, Li J, Yuan Q Q, et al., 2022. Downscaling of soil moisture products using deep learning: Comparison and analysis on Tibetan Plateau. Journal of Hydrology, 607: 127570.

Zhao W, Wen F, Wang Q , et al., 2021. Seamless downscaling of the ESA CCI soil moisture data at the daily scale with MODIS land products. Journal of Hydrology, 603: 126930.

Zhou Y, Zhang L, Xiao J F, et al., 2012. Exploring the relationship between GPP and Vegetation Indices in the arid and semi-arid grassland of Northern China.//Proceedings of the International Conference on Earth Observation in Arid and Semi arid Environments, KaShi : 19.

Zuo Z Y, Xiao D, He Q, 2021. Role of the warming trend in global land surface air temperature variations. Science China(Earth Sciences), 64(6): 866-871.